Сергей Устинович

Сравнение поршневого и роторных двигателей внутреннего сгорания

Сергей Устинович

Сравнение поршневого и роторных двигателей внутреннего сгорания

LAP LAMBERT Academic Publishing

Impressum / Выходные данные
Bibliografische Information der Deutschen Nationalbibliothek: Die Deutsche Nationalbibliothek verzeichnet diese Publikation in der Deutschen Nationalbibliografie; detaillierte bibliografische Daten sind im Internet über http://dnb.d-nb.de abrufbar.
Alle in diesem Buch genannten Marken und Produktnamen unterliegen warenzeichen-, marken- oder patentrechtlichem Schutz bzw. sind Warenzeichen oder eingetragene Warenzeichen der jeweiligen Inhaber. Die Wiedergabe von Marken, Produktnamen, Gebrauchsnamen, Handelsnamen, Warenbezeichnungen u.s.w. in diesem Werk berechtigt auch ohne besondere Kennzeichnung nicht zu der Annahme, dass solche Namen im Sinne der Warenzeichen- und Markenschutzgesetzgebung als frei zu betrachten wären und daher von jedermann benutzt werden dürften.

Библиографическая информация, изданная Немецкой Национальной Библиотекой. Немецкая Национальная Библиотека включает данную публикацию в Немецкий Книжный Каталог; с подробными библиографическими данными можно ознакомиться в Интернете по адресу http://dnb.d-nb.de.
Любые названия марок и брендов, упомянутые в этой книге, принадлежат торговой марке, бренду или запатентованы и являются брендами соответствующих правообладателей. Использование названий брендов, названий товаров, торговых марок, описаний товаров, общих имён, и т.д. даже без точного упоминания в этой работе не является основанием того, что данные названия можно считать незарегистрированными под каким-либо брендом и не защищены законом о брендах и их можно использовать всем без ограничений.

Coverbild / Изображение на обложке предоставлено: www.ingimage.com

Verlag / Издатель:
LAP LAMBERT Academic Publishing
ist ein Imprint der / является торговой маркой
OmniScriptum GmbH & Co. KG
Heinrich-Böcking-Str. 6-8, 66121 Saarbrücken, Deutschland / Германия
Email / электронная почта: info@lap-publishing.com

Herstellung: siehe letzte Seite /
Напечатано: см. последнюю страницу
ISBN: 978-3-659-61450-7

Оглавление

Заключение

Введение в историю тепловых двигателей объёмного вытеснения

1. Техническая архаика в тепловых двигателях объёмного вытеснения

На практике уже неоднократно было доказано, что всякий, отрицающий своё прошлое, обречён не иметь своего будущего. И наоборот, только доказав свою непрерывную связь с прошлым, любое обладающее новизной техническое решение становится способным получить для себя шанс на пропуск в будущее. Для морально и технически устаревших узлов, звеньев и элементов устройства из исторически сложившейся их совокупности, представляющей собой конструкцию теплового двигателя объёмного вытеснения, вполне мог бы подойти термин «архаика».

В энциклопедических словарях термин *архаика* толкуется как «ранний этап в историческом развитии какого-либо явления».

За 300-летнюю историю последовательного и непрерывного развития тепловых двигателей объёмного вытеснения под влиянием передовой мысли многих поколений исследователей происходило постепенное исключение из состава этих устройств морально и технически устаревших компонентов, которые безвозвратно полностью удалялись из конструкции двигателей или же функционально заменялись новыми, технически более совершенными компонентами.

Поэтому здесь предлагается считать архаическими в конструкции теплового двигателя объёмного вытеснения такие компоненты, которые не применяются в любом из четырёх известных тепловых двигателей объёмного вытеснения, исторически имевших опыт коммерческой эксплуатации. То есть когда практикой коммерческой эксплуатации абсолютно однозначно была доказана необязательность присутствия в конструкции теплового двигателя тех или иных компонентов технической архаики.

Более того, отсутствие их в устройстве теплового двигателя и его силовой установке всегда приводило только к существенному упрощению конструкции, и что наиболее важно – к экономии исходного количества энергии. Именно эти два признака и позволяют определить: является ли узел, звено или элемент конструкции компонентом технической архаики. И если при анализе желания разработчика исключить какой-либо компонент из состава конструкции не подтверждается приобретение устройством хотя бы одного из этих двух признаков, то сам компонент никак не может быть отнесён к категории технической архаики и, уж тем более, не следует предпринимать попыток к его исключению из состава этого устройства. А при замене как бы устаревшего исполнения компонента технически якобы более совершенной конструкцией следует доказательно подтвердить приобретение устройством двух данных признаков от применения этой его новой конструкции по сравнению с прежним исполнением.

И естественно, что при наличии подтверждённой технически более совершенной замены, любое удаление компонента не должно нарушать работоспособность и снижать достигнутый уровень безопасности и надёжности работы устройства. В противном случае замену не следует производить, даже если компонент, который намечен к удалению или замене, признан архаическим.

Напомним, что исторически в коммерческую эксплуатацию последовательно были введены только четыре коммерческих универсальных двигателя объёмного вытеснения. Это два двигателя внешнего сгорания – паровой поршневой двигатель и газовый (воздушный) поршневой двигатель Стирлинга. И два газовых двигателя внутреннего сгорания – поршневой двигатель и роторно-поршневой двигатель Ванкеля.

Можно было бы считать, что самым эффективным образцом из паровых поршневых двигателей внешнего сгорания был паровозный паровой двигатель с поршнем двойного действия. По сравнению с конструкциями предшествующих ему паровых двигателей, в его конструкции отсутствовали три архаических компонента – это холодный теплообменник, водяная система его охлаждения и маховик. При этом функцию маховика на себя непосредственно приняла масса транспортного средства – локомотива, в состав которого входила силовая установка этого парового двигателя.

В газовом поршневом двигателе внешнего сгорания Стирлинга, работавшем по замкнутому термодинамическому циклу рабочего тела, отсутствовали ещё два архаических компонента – это газораспределительный клапанный механизм и паровой котёл. Но зато в его конструкции присутствовали холодный теплообменник с водяной рубашкой охлаждения и маховик, применявшиеся в других образцах парового двигателя.

В поршневом двигателе внутреннего сгорания, по сравнению с двумя исторически предшествующими ему коммерческими двигателями внешнего сгорания, отсутствовали ещё два архаических компонента – это горячий теплообменник и его топка угольная (дровяная, нефтяная, газовая). Но на самом деле горячий теплообменник и топка, непрерывно работавшие за пределами рабочей полости механизма двигателя внешнего сгорания, в поршневом ДВС были заменены системой порционной подачи смеси атмосферного воздуха и газообразного или распыленного жидкого топлива непосредственно в рабочую полость секции двигателя внутреннего сгорания, где оно и сжигалось. При этом в поршневом ДВС присутствуют маховик и газораспределительный клапанный механизм.

По сравнению с поршневым ДВС в конструкции роторно-поршневого двигателя внутреннего сгорания Ванкеля нет ещё одного компонента технической архаики – это кривошипно-шатунного механизма, который в нём был заменён более простым и более эффективным роторным механизмом. В нём также отсутствует и газораспределительный клапанный механизм.

Таким образом, основная история энергетической оптимизации теплового двигателя объёмного вытеснения заключалась, прежде всего, в планомерном удалении из него полученных им при рождении балластных и крайне неэффективных узлов конструкции – аккумуляторов тепловой и механической энергии. Данные аккумуляторы, наряду с требуемой от них транзитной передачей энергии, для своей собственной непрерывной работы накапливали в себе и рассеивали в окружающем пространстве существенную долю от количества поступившей в двигатель исходной энергии для нагрева рабочего тела, безвозвратно её отбирая у конечного потребителя механической энергии.

То есть в исторической последовательности сначала паровозный двигатель избавил тепловой двигатель от аккумулятора холода – стенки холодного теплообменника и непрерывно охлаждающей её воды. Затем поршневой ДВС избавил его от аккумулятора тепла – стенки горячего теплообменника и непрерывно нагревающих её раскалённых газов угольной топки.

Однако в отношении аккумулятора механической энергии – маховика, пока всерьёз не рассматривается перспектива его исключения из состава механизмов тепловых двигателей объёмного вытеснения. Хотя посредством оптимизации способов организации рабочих процессов вполне возможны варианты снижения и даже полного исключения зависимости работы их механизмов от инерционной энергии маховика, которую тот, располагаясь на её транзите, щедро и с избытком забирает у вала нагрузки.

В связи со сказанным выше следует отметить, что, наряду с вынужденным пока использованием в автомобильной силовой установке балластного механического устройства – механического редуктора, как действие вопреки исторической логике выглядит реанимация архаического способа, имеющего столетнюю историю (1900 год – Фердинанд Порше), но теперь вдруг ставшего новомодным. А именно, принудительного ввода в энергетическую схему силовой установки между валом механизма теплового двигателя и валом механизма конечного потребителя его механической энергии – трансмиссии автомобиля, дополнительных балластных устройств, как электрический аккумулятор (накопитель электроэнергии), электрогенератор, электродвигатель и электрический инвертор. Так как любое дополнительное устройство с его далеко неидеальной собственной эффективностью работы всегда принесёт собой дополнительные невосполнимые потери механической энергии, уже выработанной тепловым двигателем. Будь то тепловой двигатель непосредственно автомобиля или ненамного опередивший его по своей эффективности тепловой паротурбинный двигатель силовой энергоустановки, на тепловой электростанции вращающий вал промышленного электрогенератора, вырабатывающего электроэнергию, которая от него передаётся на розетку потребителя и от неё уже на вал трансмиссии автомобиля через десяток дополнительных электрических устройств, каждое из которых также никогда не обладает своей собственной стопроцентной эффективностью. В электротехнике тоже не одно столетие продолжается своя непрерывная историческая борьба за эффективность.

И здесь ни для кого не является секретом, что причиной для возврата в гибриде к реализации технической идеи прошлых столетий, но до сих пор не востребованной широкой практикой, в очередной раз стали неудовлетворительные свойства механизма поршневого двигателя. Это, прежде всего, провал в выработке валом поршневого ДВС эффективной мощности и вращающего момента, способного быть переданным на вал нагрузки в диапазоне от 0 до 1000 оборотов в минуту. То есть именно в этом диапазоне как раз индивидуально и силён электрический двигатель. Вторым существенным минусом поршневого ДВС является величина максимально предельного эффективного диапазона оборотов его вала не выше 4500 – 6000 оборотов в минуту. И для некоторой компенсации заметного снижения эффективности передачи механической энергии на вал нагрузки при подходе оборотов вала к этому диапазону помощником для ДВС в гибриде также становится электрический двигатель.

Рекуперация, то есть экспресс-возврат на электрический аккумулятор гибридного привода мизерной доли от энергии импульса торможения колёс автомобиля, выглядит только малозаметной призовой опцией к непомерно усложнённой конструкции старого-нового электромеханического привода (с его бортовым напряжением переменного электрического тока в 500 Вольт), расположенного между валом ДВС и ведомым им валом трансмиссии. В классической схеме механического привода в силовой установке с участием ДВС там находятся только муфта сцепления и редуктор (коробка передач), а в механизме привода двигателя паровоза вообще нет ничего подобного.

2. Выдержки из истории развития тепловых двигателей объёмного вытеснения

1. По утверждению Карла Маркса в труде «Капитал», революционный прорыв в тепловом двигателестроении произошёл тогда, когда после усовершенствования в 1769 году паровой машины Томаса Ньюкомена (1712 год) Джеймсом Уаттом в 1784 году был запатентован первый универсальный паровой двигатель с поршнем двойного действия, в механизме которого в одном цилиндре работали уже оба плоских днища одного диска поршня. То есть когда число тактов рабочего хода на один оборот вала удвоилось, тем самым в 2 раза повысилась эффективность работы каждой секции парового двигателя.

2. Затем с каждой стороны ведущей колёсной пары паровоза были установлены по одной такой секции механизма Д. Уатта, эксцентрики которых на общем для них силовом валу располагались оппозитно. За один оборот вала 2-секционный паровозный двигатель вырабатывал рекордные четыре такта рабочего хода. Этот рекорд до сих пор ещё не превзойдён ни одной парой секций любого другого известного коммерческого теплового двигателя объёмного вытеснения.

3. Вопрос об увеличении в каждой секции степени работоспособности заряда и длительности активного импульса рабочего хода тогда в принципе не был актуален, потому что в коммерческой эксплуатации в качестве механизма двигателя использовался только единственный механизм – кривошипно-шатунный (КШМ). А длительность импульса рабочего хода в ней дополнялась довольно продолжительным импульсом открытия золотниковым клапаном канала впуска свежего заряда пара в рабочий цилиндр паровой машины.

4. Также в двигателе паровоза удалось избавиться от маховика и от холодного теплообменника с его большим количеством охлаждающей воды, так как рабочий цикл его пара там стал открытым. Отработанный пар, вырывавшийся в атмосферу из паровых цилиндров через конусную трубу угольной топки его парового котла, одновременно своей высокой механической энергией улучшал топочную дымовую тягу. Из специально перевозимых энергоносителей паровозу теперь были нужны только уголь и вода для пара.

5. Но в 1859 году, используя тот же механизм Д.Уатта с поршнем двойного действия, в первом газовом двигателе внутреннего сгорания (ДВС) Жан Этьен Ленуар исключил не только пар, но и уголь, упразднив паровой теплообменник и его угольную топку. А с 1876 года в 4-хтактном ДВС Николаса Отто произошёл возврат от удобного для паровой машины поршня двойного действия к поршню с одним рабочим днищем, но при сохранении, как и в паровозном двигателе, полноценной продолжительности каждого такта цикла рабочего тела в его секции за каждые пол-оборота вала. За один оборот своего вала каждая секция ДВС Н.Отто вырабатывала и продолжает вырабатывать в современных двигателях по настоящее время лишь 0,5 такта рабочего хода (1 такт рабочего хода за 2 оборота вала), что в 4 раза хуже, чем каждая секция двигателя паровоза. При этом о возможности отсутствия в тепловом двигателе парового котла и пара тогда уже было известно из

конструкции коммерческого газового двигателя внешнего сгорания Роберта Стирлинга (1816 год), к тому времени почти полвека успешно работавшего на атмосферном воздухе и даже без наличия в составе его конструкции клапанного механизма.

6. Подвод теплоты к локальной массе заряда непосредственно в объёме рабочего цилиндра механизма каждой секции ДВС, вместо запасания впрок тепловой энергии в бесконечно большом объёме парового котла, находящимся за пределами механизма парового двигателя, было тем самым, поначалу не сразу оцененным, основным революционным преимуществом ДВС. Механической энергии в нём воспроизводилось ровно столько, сколько в каждый конкретный момент требовала каждая его секция. Поэтому громоздкий паровой котёл с его огромным количеством перевозимой паровозом воды и угольная топка с её неизменным кочегаром должны были остаться в прошлом. На повестке дня уже стояла проблема повышения эффективности работы ДВС по сравнению с паровым двигателем, бывшим в ту пору на рынке, наряду с двигателем Стирлинга, основным коммерческим тепловым двигателем.

7. Но каждая секция парового двигателя обладала большой по величине начальной силой и существенной длительностью впускного импульса массивного заряда пара, сразу готового к работе. В то время как в камеру внутреннего сгорания цилиндра секции ДВС подавался своеобразный энергетический полуфабрикат из слабо нагретой локальной массы заряда газовой горючей смеси, которая за очень короткое время, отведённое ей для подвода теплоты, должна была ещё успевать сама себя нагревать и затем сразу воспроизводить относительно слабый и резко убывающий по силе импульс такта рабочего хода. Такие непривычные для того времени условия работы секции ДВС, казавшиеся не вполне комфортными для выполнения процессов подвода теплоты и рабочего хода, приходилось компенсировать повышенным числом секций двигателя и повышенным числом оборотов его вала, которые в совокупности кратно увеличивали

количество тактов рабочего хода двигателя за фиксированный промежуток времени. То есть в отношении ДВС применялись оба возможных способа повышения эффективности, которые к тому времени уже много лет успешно использовались в паровых поршневых двигателях.

8. Однако для убедительной демонстрации впечатляющей эффективности нового, существенно более удобного в эксплуатации теплового двигателя, по сравнению с незыблемым тогда авторитетом громоздкого парового двигателя, требуемому повышению количества оборотов вала ДВС препятствовала ещё одна, уже конструкционная проблема механизма. Это была большая инерционная масса поршня в каждой секции, который в своей конструкции содержал соосно жёстко скреплённый с ним крейцкопф (ползун), использовавшийся в КШМ парового двигателя, у которого ДВС позаимствовал его вместе с этим кривошипно-шатунным механизмом.

9. Поэтому вскоре крейцкопф был удалён из механизма каждой секции, а вместо него поршень получил в своей конструкции удлиненную в направлении вала «юбку» поршня, которую назвали «тронком» (Готлиб Даймлер – 1883 год). Облегчение поршня секции ДВС в механизмах малых и среднегабаритных высокооборотных двигателей позволило существенно повысить число оборотов вала, которое, как и в паровом двигателе, достигалось (и достигается) только при условии оперативного повышения количества массы нагретого заряда рабочего тела, в котором, соответственно, в каждой секции ДВС сжигалось большее количество топлива в цикле каждого заряда рабочего тела. Если, не смотря на все имевшиеся недостатки, за счёт своего основного преимущества ДВС догнал и обошёл паровой двигатель по уровню эффективности, то благодаря кратному повышению числа оборотов своего вала ДВС уверенно перегнал его и уже существенно повысил свою активность по вытеснению парового двигателя с рынка коммерческих тепловых

двигателей. Тем не менее, крупногабаритные и высокоэффективные тихоходные ДВС, например морские судовые, до сих пор используют крейцкопфы на поршнях в своих цилиндрах, демонстрируя, независимо от высокой массы поршня, преимущество теплового двигателя, в рабочей полости которого отсутствует горячий теплообменник.

10. И только спустя следующие почти 100 лет после появления первого поршневого ДВС, в 1957 году увидел свет роторно-поршневой двигатель внутреннего сгорания (РПД) Феликса Ванкеля и Вальтера Фройде. Вместо КШМ в качестве механизма каждой секции РПД Ф.Ванкель и В.Фройде использовали более эффективный роторный механизм с планетарным вращением многогранного ротора в рабочей полости каждой секции. Его бесклапанный механизм при оптимальном 4-хтактном цикле Отто заряда рабочего тела в каждой секции уже позволил воспроизводить один такт рабочего хода за каждый оборот вала. Но точно такой же эффект достигался, например, в, так называемом, 2-хтактном поршневом ДВС, как и паровозный двигатель, использующем для своей работы оба днища одного поршня каждой секции. Однако в бесшатунной конструкции механизма секции РПД Ванкеля реальная длительность активного импульса более работоспособного такта каждого рабочего хода оказалась в 1,5 раза длиннее, чем в любой поршневой секции.

3. Современный результат исторического развития тепловых двигателей объёмного вытеснения

До момента появления во второй половине 20 века первого работающего роторного двигателя само использование циклоидной планетарно-роторной кинематической схемы в качестве механизма теплового двигателя на протяжении нескольких предшествующих столетий было подготовлено трудом многих замечательных исследователей и учёных 16 – 20 веков. Их работы внесли достойный вклад в основу знаний человечества. Однако воплотить подготовленную ими идею планетарного циклоидного механизма в тепловом двигателе удалось только в феврале 1957 года двум немецким инженерам – Феликсу Ванкелю и Вальтеру Фройде.

Сразу после создания роторно-поршневого двигателя Ванкеля (РПД) у него нашлось много приверженцев. Однако постепенно, синхронно с изготовлением всё возрастающего количества работающих образцов, число сторонников РПД начало уменьшаться. И в настоящее время, спустя почти 60 лет, кроме упорных изысканий нескольких небольших компаний, единственным флагманом и основным крупным производителем РПД остаётся лишь японская компания «Мазда». А число РПД в общем количестве выпускаемых сейчас ДВС объёмного вытеснения составляет всего несколько долей одного процента.

Далее нам предстоит выяснить: почему такое выдающееся и, вместе с тем, механически простое техническое решение, как планетарный роторный механизм, используемый в тепловом двигателе, не выдерживает коммерческой конкуренции со «старичком» кривошипно-шатунным механизмом? В чём кроется основная причина этой неконкурентоспособности? Может быть, всё дело в непреодолимом препятствии, кроющимся в конструкции РПД, о существовании которого либо не все знают, либо тот, кто эту проблему понимает, пока не нашёл или просто не ищет её решения?

Ведь известен же всем пример газотурбинного двигателя (ГТД) внутреннего сгорания необъёмного вытеснения, в конструкции и способе организации рабочих процессов которого заложено, казалось бы, вот уж действительно, непреодолимое препятствие. А именно, подвижные элементы горячей секции (ступени) конструкции ГТД – лопатки силового вала находятся в непрерывном высоком температурном напряжении. Данный фактор приводит к тому, что термостойкий металл или искусственно выращенные кристаллы для лопаток и способы их изготовления оцениваются иногда выше стоимости веса золота, соответствующего весу лопаток. Но, тем не менее, это никого не остановило, и люди идут на такие издержки, а ГТД средней и, особенно, большой мощности всё же имеют массовое коммерческое применение.

С другой стороны, двигатели объёмного вытеснения в силу своих конструкционных особенностей применяются только в малом и среднем диапазонах вырабатываемой ими мощности. Однако по сравнению с диапазоном больших мощностей у ГТД, диапазон малой мощности, будучи таким же востребованным, является гораздо более массовым.

Для определения и возможного устранения причины неудач роторного двигателя, обладающего в настоящее время наиболее прогрессивным механизмом, предлагается применить новый алгоритм его объективного сравнения с поршневым двигателем, у которого в качестве механизма применяется традиционный, но, всё же следует откровенно признать, архаический кривошипно-шатунный механизм.

Сравнение поршневого и роторных двигателей внутреннего сгорания

1. Базисные условия сравнения

Сравниваются секции двух четырёхтактных двигателей внутреннего сгорания (ДВС) объёмного вытеснения. Один из двигателей состоит из одинаковых секций известного поршневого механизма – это поршневой двигатель (ПД). Другой двигатель состоит из одинаковых секций известного роторного механизма – это роторный двигатель (РД).

1. В каждой секции используется одинаковый по массе локальный заряд газообразного рабочего тела, при нормальном атмосферном давлении 760 мм ртутного столба и комнатной температуре 20 градусов Цельсия имеющий объём $V_{макс.}$.

2. Во время работы механизма секции её локально замкнутая внутренняя рабочая полость, как над днищем поршня, так и над гранью ротора, изменяется в пределах от одинакового для каждой секции максимального объёма $V_{макс.}$ и до одинакового для каждой из них минимального объёма $V_{мин.}$ камеры внутреннего сгорания. То есть в обеих секциях достигается одинаковая степень сжатия заряда – ε.

3. В каждой секции газообразная горючая смесь одинаковой массы заряда имеет также и одинаковое для всех секций отношение масс воздуха и топлива в пропорции, соответственно, *14,75 : 1*.

4. В каждой из секций в момент начала такта рабочего хода, начинающего из положения эксцентриситета в верхней мёртвой точке, заряд рабочего тела, обладая одинаковым количеством потенциальной энергии, воздействует на стенки камеры внутреннего сгорания рабочей полости с одинаковым для каждой секции усилием $P_{макс.} = 1$.

2. Геометрические параметры секции поршневого двигателя

Рассматривается секция четырёхтактного поршневого двигателя (ПД), имеющую радиус цилиндра, равный *e* – длине эксцентриситета эксцентрика её вала.

Эксцентриситет $e_{ПД}$ – это в профиле секции ПД неизменная по своей длине прямая линия между осью круга эксцентрика (кривошипа) вала, соосной с осью эксцентриковой шейки шатуна поршня, и параллельной ей коренной осью вала, соосной с эксцентрической осью данного кругового эксцентрика вала.

Для удобства вычислений примем длину радиуса основания цилиндра (поршня) равной длине эксцентриситета *e*.

Для секции ПД со степенью сжатия *ε = 10*:

полный рабочий объём цилиндра равен $V_{макс\ ПД} = 2,2222\pi e^3$

полный изменяемый объём цилиндра составляет $V_{цилиндра\ ПД} = 2\pi e^3$;

ход поршня, или изменяемая высота цилиндра в максимуме составляет *2e* ;

объём неизменной по величине камеры сгорания равен $V_{мин\,ПД}$ = *0,2222πe³*;

высота цилиндра камеры сгорания будет равна *e/4,5 = 0,2222e*;

общая высота цилиндра составит *2,2222e.*

Для удобства восприятия в качестве *образца* для сравнения выбрана поршневая секция с объёмом рабочей полости, конкретное значение которого в кубических сантиметрах имеет трёхзначное число, заканчивающееся на ноль, и с сантиметровым значением длины эксцентриситета *e*, представляющим собой однозначное целое число.

Для поршневой секции *образцовым* будем считать, например, значение её объёма $V_{макс}$ = $V_{макс\,ПД}$ = *190 см³* . При этом образцовом объёме эксцентриситет механизма секции равен $e_{ПД}$ = *30,08 мм ≈ 3,0 см.*

Площадь поверхности стенок максимального объёма рабочей полости данной поршневой секции равна $S_{макс\,ПД}$ = *182 см²* .

Площадь поверхности стенок минимального объёма сжатия камеры внутреннего сгорания в данной поршневой секции равна $S_{мин\,ПД}$ = *69 см²* .

Степень изменения площади поверхности стенок рабочей полости в такте сжатия и в такте рабочего хода в пределах между максимальным объёмом $V_{макс\,ПД}$ и минимальным объёмом $V_{мин\,ПД}$ секции ПД составляет $S_{макс\,ПД}$: $S_{мин\,ПД}$ = *182 : 69 = 2,64.*

3. Геометрические параметры секции роторного двигателя

Геометрические размеры секции четырёхтактного роторного двигателя (РД) с трёхгранным ротором определяются по трём эмпирическим формулам:

$$r = e(2n + x)$$
$$R = e(2n + x + 1)$$
$$h = e(n + y),$$

где *r* – длина радиуса окружности, описанной вокруг профиля ротора;

R – длина радиуса окружности, описанной вокруг профиля статора;

e – эксцентриситет;

n – число вершин (граней) ротора (для трёхгранного ротора *n = 3*);

h – длина высоты призмы ротора (высота цилиндра статора);

x – радиальный коэффициент;

y – осевой коэффициент.

Эксцентриситет – $e_{РД}$ в профиле секции РД – это неизменная по своей длине геометрическая прямая линия между осью круга эксцентрика (кривошипа) вала, соосной с осью призмы ротора, и параллельной ей коренной осью вала, соосной с эксцентрической осью данного кругового эксцентрика вала.

Отношение длин радиусов программных шестерен ротора и статора равно 3 : 2. При работе механизма роторной секции окружность программной шестерни подвижного ротора, соосная с профилем призмы ротора, без проскальзывания обкатывает окружность неподвижной программной шестерни статора, соосную с коренной осью силового вала секции.

В качестве оптимального условно примем значение радиального коэффициента секции, например, *x = 1*.

Для роторной секции с ротором, обладающим симметричным относительно своей оси трёхгранным профилем с заострёнными вершинами, с тем же самым, что и у поршневой секции *образцовым* значением рабочего объёма $V_{макс}$ = $V_{макс \, РД}$ = *190 см³*, при степени сжатия *ε = 10* до минимального объёма камеры сгорания $V_{мин \, РД}$ = *19 см³* значение эксцентриситета равно $e_{РД}$ = *10 мм = 1,0 см*. В этом случае осевой коэффициент секции составляет значение *y = 1,717*. Высота призмы ротора – *h = 47,17 мм ≈ 4,7 см.*

Площадь поверхности стенок максимального объёма рабочей полости роторной секции равна $S_{макс\,РД}$ = 228 см^2.

Площадь поверхности стенок минимального объёма сжатия камеры сгорания в роторной секции равна $S_{мин\,РД}$ = 131 см^2.

Степень изменения площади поверхности стенок рабочей полости в такте сжатия и в такте рабочего хода между максимальным объёмом $V_{макс\,РД}$ и минимальным объёмом $V_{мин\,РД}$ в секции РД составляет $S_{макс\,РД}$: $S_{минНРД}$ = 228 : 131 = 1,74.

4. Сравнение геометрических параметров и способов организации процессов цикла заряда в поршневой и роторной секциях

Таким образом, при одинаковых объёмных параметрах в сравниваемых секциях, кроме непохожих кинематических схем их механизмов, разница заключается только в величине геометрической площади поверхности внутренней рабочей полости секции, которая, как известно, влияет на степень теплообмена объёма локального заряда рабочего тела с поверхностями неподвижных и подвижных элементов рабочей полости механизма секции.

При одинаковой степени сжатия и одинаковом максимальном объёме рабочей полости каждой секции отношение длин эксцентриситетов e будет равно $e_{ПД}$: $e_{РД}$ = 3,0 : 1,0 = 3.

Максимальная площадь поверхности стенок рабочей полости в секции ПД на *20%* меньше, чем в секции РД, то есть $S_{макс\,ПД}$: $S_{макс\,РД}$ = 182 : 228 = 0,8.

Площадь поверхности стенок минимального объёма камеры сгорания в секции ПД также меньше, чем в секции РД на *47%*, то есть $S_{мин\,ПД}$: $S_{мин\,РД}$ = 69 : 131 = *0,53*.

В одном масштабе установленные рядом профили макетов секции ПД и секции РД одинакового рабочего объёма выглядят следующим образом (фиг.1):

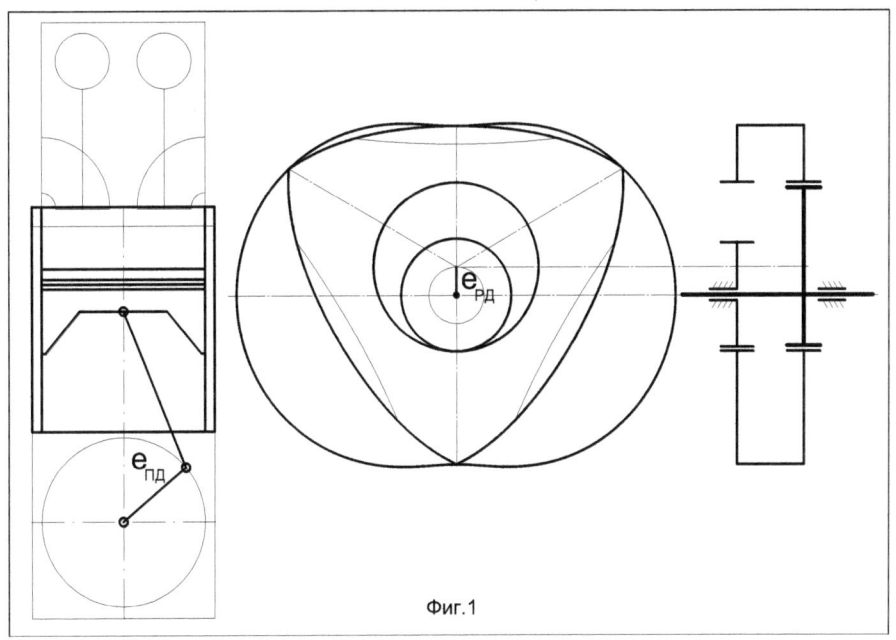

Фиг.1

Кроме значений геометрической площади поверхности теплообмена рабочей полости, одновременно и в большей степени на интенсивность теплообмена локального заряда рабочего тела активное влияние также оказывают и непохожие друг на друга способы организации процессов цикла заряда рабочего тела в рабочей полости поршневой и роторной секции.

В секции ПД над поверхностью одного и того же днища поршня процессы одного цикла одного заряда *во времени последовательно один за другим* происходят *в одном и том же* общем для каждого процесса каждого цикла, возвратно пульсирующем объёме рабочей полости одного цилиндра статора. Причём цикл заряда протекает там с потерей темпа его воспроизводства, когда каждому следующему процессу цикла заряда необходимо в очереди ожидать освобождения для него *того же самого объёма* рабочей полости цилиндра, которого сейчас временно занимает текущий предшествующий процесс его же текущего в данный момент цикла. Цилиндр секции над днищем поршня закрыт головкой цилиндра, в которой расположено как холодное впускное окно, так и горячее выпускное окно. Каждое из этих окон программно открывается клапаном специального, энергетически балластного программного клапанного механизма.

В связи с этим, сравнительно меньшая по своей площади совокупная поверхность статора одного и того же цилиндра и той же головки цилиндра статора вынуждена участвовать во всех без исключения процессах цикла заряда. Поэтому поверхность статора поршневой секции, а в максимуме, с учётом поверхности дна поршня, это 88% из 100%, вынуждена искусственно сохранять в своих стенках какую-то усреднённую температуру от всех процессов этого цикла: как холодных, так и горячих, в связи с этим оказывая непосредственное и порой существенное влияние на интенсивность теплообмена с ней заряда рабочего тела, в том числе, и нежелательного.

В секции РД с трёхгранным ротором в одном общем рабочем объёме одной секции над тремя гранями одного ротора *во времени параллельно и одновременно*, а также без энергетической потери темпа цикла, протекают процессы сразу трёх самостоятельных зарядов рабочего тела. Подобно непрерывному движению по ленте конвейера, каждый из локальных зарядов, непрерывно находясь над одной гранью ротора и попутно изменяя свой объём, поступательно и безвозвратно перемещается вдоль стенок статора секции между пространственно разнесёнными холодной полостью сжатия и горячей полостью расширения, соответственно, холодным впускным и горячим выпускным окнами, находящимися за пределами камеры внутреннего сгорания роторной секции. Поэтому в секции РД конкретные секторы поверхности рабочей полости статора, принимают на себя и сохраняют в себе текущую температуру проходившего через неё предыдущего заряда, соответствующую конкретному процессу его цикла. В устойчивом режиме работы двигателя, несмотря на сравнительно несколько повышенную площадь их поверхности, стенки статора оказывают существенно меньшее, чем в секции ПД, температурное влияние на процессы цикла заряда, связанное с его теплообменом с неподвижными стенками рабочей полости роторной секции.

В секции РД искусственность поддержания определённого значения температуры стенок статора имеет природу, не связанную с возможностью оказания непосредственного влияния на температуру массы заряда рабочего тела в конкретных процессах его цикла, как, например, в секции ПД. В большей степени в секции РД поддержание какой-то определённой температуры стенок статора, прежде всего, предотвращает пространственное коробление или даже физическое разрушение этих стенок от влияния на них, соответственно, разницы рабочего диапазона температуры в каждой из полостей сжатия и расширения, или же высокой температуры горячих процессов цикла заряда в полости расширения. И в гораздо меньшей степени это направлено на предотвращение нежелательного влияния или, наоборот, на способствование желательному влиянию значения температуры стенок статора непосредственно на температуру каких-то рабочих процессов цикла заряда.

5. Сравнение особенностей воспроизводства секциями процессов термодинамического цикла заряда рабочего тела

В каждой из сравниваемых секций зарядом рабочего тела исполняется открытый четырёхтактный термодинамический цикл Отто.

Такт (процесс) сжатия. По сравнению с секцией РД, сжатие заряда в секции ПД, начинается с меньшей по своему значению максимальной площади теплообмена (на 20%) и заканчивается также меньшей минимальной площадью стенок камеры сгорания (на 47%). Это говорит о меньшем теплообмене газа заряда рабочего тела со стенками рабочей полости сжатия, что способствует лучшему нагреву горючей смеси и испарению распыленного в ней топлива, а также более высокой степени надёжности зажигания. Этому также, в полном соответствии с программой движения поршня в механизме поршневой секции от НМТ до ВМТ, способствует более быстрая скорость уменьшения объёма заряда и поверхности стенок рабочей полости сжатия от $V_{макс.ПД}$ до $V_{мин.ПД}$ (2,64 против 1,74 в секции РД). Таким образом, в такте сжатия неоспоримое преимущество принадлежит секции ПД.

Процесс подвода теплоты. По сравнению с секцией РД, кроме того, что, из-за более комфортных условий такта сжатия, в секции ПД возможно достижение несколько более высокой максимальной температуры сжатия для успешного начала подвода теплоты. В секции ПД на 47% меньше площадь огневой поверхности камеры сгорания, что способствует меньшим потерям исходной теплоты нагрева в стенках транзитного объёма камеры внутреннего сгорания секции. То есть и в процессе подвода теплоты преимущество тоже на стороне секции ПД.

Такт (процесс) рабочего хода. Однако в такте рабочего хода все существенные преимущества, которыми обладала секция ПД в такте сжатия, ***зеркально***, то есть в точности и наоборот, превращаются в её существенные недостатки. Повышенное в 1,5 раза, по сравнению с секцией РД, нарастание площади поверхностей теплообмена стенок полости расширения приводит к повышенному отводу в относительно холодные стенки секции ПД подведённой теплоты заряда, то есть к завышенной прямой потере величины рабочего потенциала – к прямому снижению степени его работоспособности. А повышенная, по сравнению с секцией РД, скорость увеличения объёма полости расширения от $V_{мин\ ПД}$ до $V_{макс\ ПД}$, в полном соответствии с программой движения поршня в механизме поршневой секции от ВМТ до НМТ, ведёт к убыстренной собственной разреженности нагретого заряда, то есть к ещё более серьёзной ускоренной непроизводительной потере его потенциальной энергии, накопленной им в камере сгорания. Таким образом, в такте рабочего хода секция РД имеет неоспоримое преимущество перед секцией ПД.

Процесс охлаждения – это такты выпуска и впуска. Здесь также преимущество на стороне секции РД, так как в её выпускном и впускном газовых каналах отсутствуют клапаны, создающие в секции ПД повышенное гидравлическое сопротивление динамичному движению по ним потока заряда рабочего тела, управляемому энергией поршня. Что способствует завышенному расходу на собственные нужды механической энергии, выработанной в текущем цикле секцией ПД.

Предлагается считать, что данный этап сравнения по процессам цикла пока не выявил взаимного преимущества между секциями ПД и РД.

Хотя здесь можно было бы принципиально поспорить относительно большей значимости такта рабочего хода в цикле заряда рабочего тела по сравнению с тактом сжатия, в том числе и на примере первого в мире двигателя внутреннего сгорания Жана Этьена Ленуара (1859 г.), в цикле которого такт сжатия вообще полностью отсутствовал.

6. Фазы изменения объёма рабочей полости секций в такте рабочего хода

Тепловые двигатели, или *преобразователи теплоты в работу* создаются, собственно, только ради воспроизводства одного процесса цикла рабочего тела – *рабочего хода*, в котором нагретое газообразное рабочее тело способно самостоятельно перемещать подвижную стенку (дно цилиндра поршня или грань призмы ротора) рабочей полости, принадлежащей механизму секции двигателя. Наиболее желаемый – непрерывный процесс рабочего хода протекает только в рабочей полости с лопаточным валом известного газотурбинного двигателя внутреннего сгорания необъёмного вытеснения. Но такой двигатель, для своей работы использующий преимущественно кинетическую энергию подвижных масс нагретого рабочего тела, не является темой предложенного здесь рассмотрения, внимание которого сосредоточено только на ДВС объёмного вытеснения, которые используют преимущественно потенциальную энергию локального заряда рабочего тела.

В тепловых двигателях объёмного вытеснения каждый рабочий ход происходит в течение дискретного промежутка времени – ограниченного по своей длительности импульса такта рабочего хода, который является лишь одним из четырёх дискретных процессов термодинамического цикла локального объёма заряда рабочего тела.

Чем большее число импульсов тактов рабочего хода совершит одна секция двигателя объёмного вытеснения за один полный оборот своего силового вала или за конкретный фиксированный промежуток времени, тем большее количество механической работы за каждый из этих периодов он сообщит валу нагрузки. Также чем продолжительней будет длительность импульса такта рабочего хода по углу оборота эксцентриситета в рамках одного полного оборота её силового вала на 360 градусов, тем большее количество энергии за каждый оборот поступит от входного силового звена механизма секции – поршня или ротора секции на выходное силовое звено этого механизма – силовой вал. И далее с этого вала на вал механизма нагрузки (стороннего потребителя, отбора мощности).

Как было показано выше, эффективность процесса (такта) рабочего хода, как и в любом известном механизме, напрямую зависит, прежде всего, от геометрических параметров механизма секции двигателя, в том числе и от динамики – текущих фаз изменения объёма полости расширения секции в пределах от минимального $V_{мин}$ до максимального $V_{макс}$ значения объёма V находящегося в ней газового заряда.

Рабочий ход в эксцентриковых механизмах объёмного вытеснения формально всегда начинается от текущего положения в профиле механизма секции незакреплённого на коренной оси вала конца прямой линии геометрического эксцентриситета e в верхней мёртвой точке (ВМТ), при котором заряд достигает минимального объёма камеры внутреннего сгорания $V_{мин}$. Однако завершение такта рабочего хода в секциях ПД и РД происходит в разных доступных конкретной секции секторах угла поворота α эксцентриситета e после ВМТ. В поршневой секции такт рабочего хода и увеличение объёма рабочей полости заканчивается при положении эксцентриситета в нижней мёртвой точке (НМТ), то есть после половины от его оборота – на *180* градусов ($\alpha_{дост.\ 180\ ПД}$). В роторной секции в такте рабочего хода максимально доступный сектор поворота эксцентриситета длиннее – **270** градусов ($\alpha_{docm. \ 270 \ РД}$), то есть три четверти от его полного оборота на 360 градусов после ВМТ.

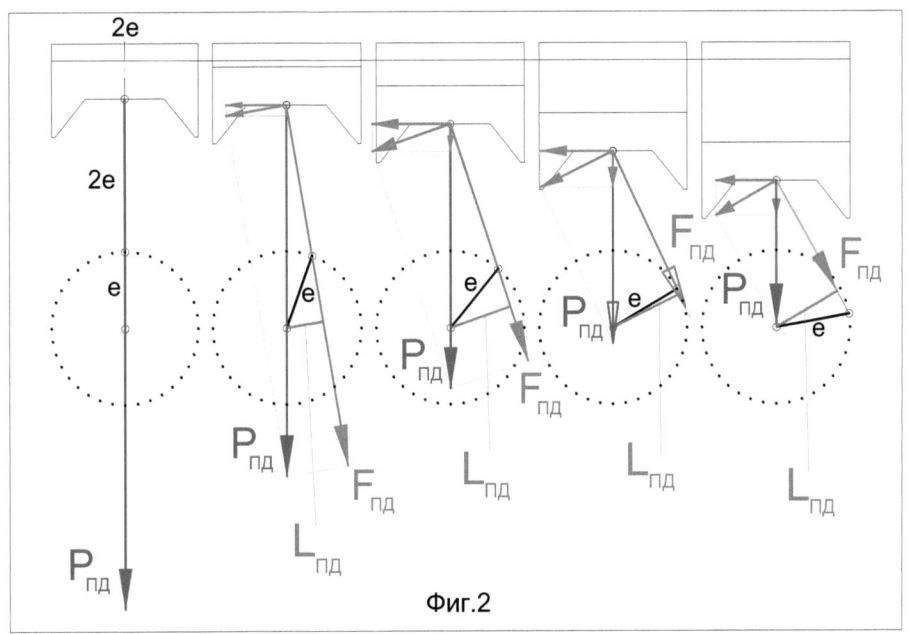

Фиг.2

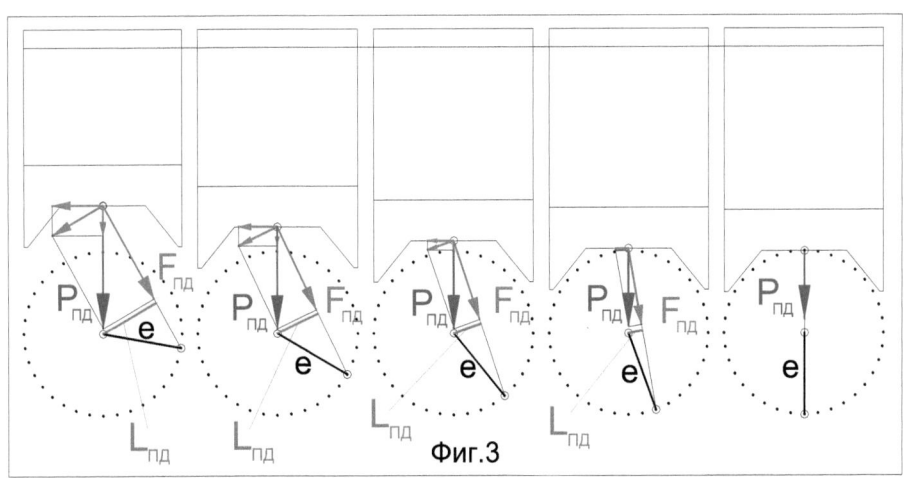

Фиг.3

На фиг.2 и фиг.3 в масштабе показаны фазы изменения объёма рабочей полости в такте рабочего хода в известной поршневой секции. Диапазон изменения угла поворота $\boldsymbol{\alpha}$ эксцентриситета $\boldsymbol{e}$ между фазами задан интервалом в 20 градусов.

На фиг.4 – 8 в том же масштабе показаны фазы изменения объёма рабочей полости в такте рабочего хода в роторной секции, в частности, известного ***роторно-поршневого двигателя Ванкеля*** (РПД). Диапазон изменения угла поворота $\boldsymbol{\alpha}$ эксцентриситета $\boldsymbol{e}$ между фазами задан интервалом в 30 градусов.

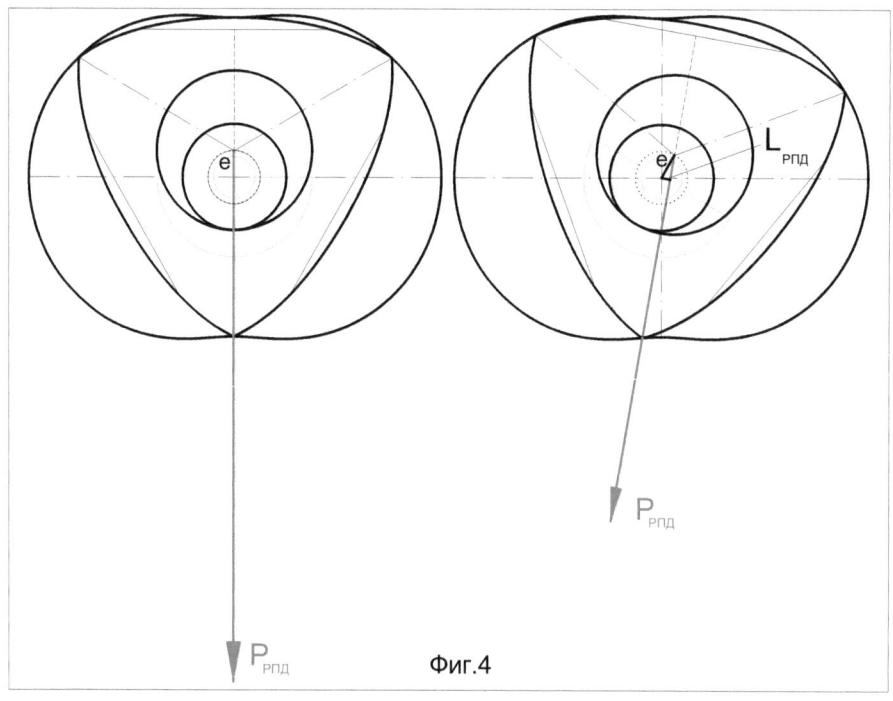

Фиг.4

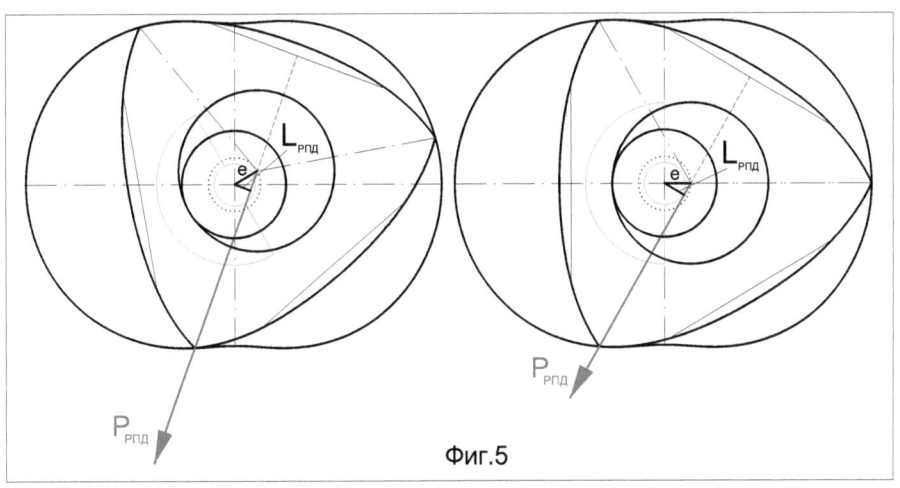

Фиг.5

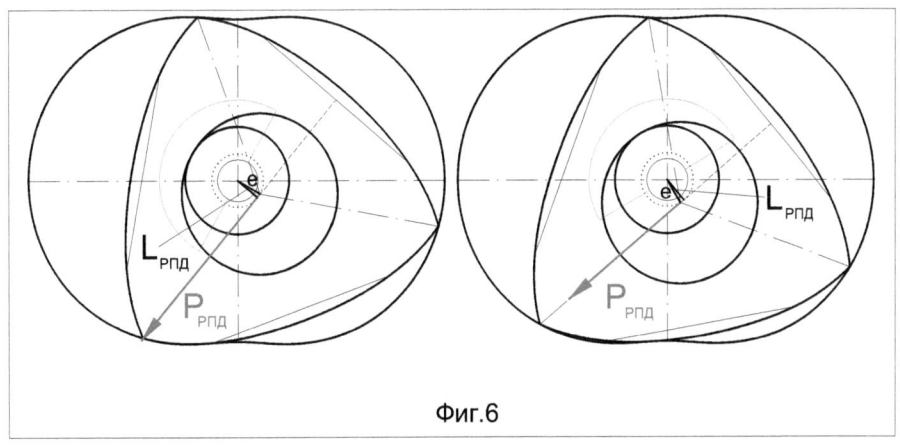

Фиг.6

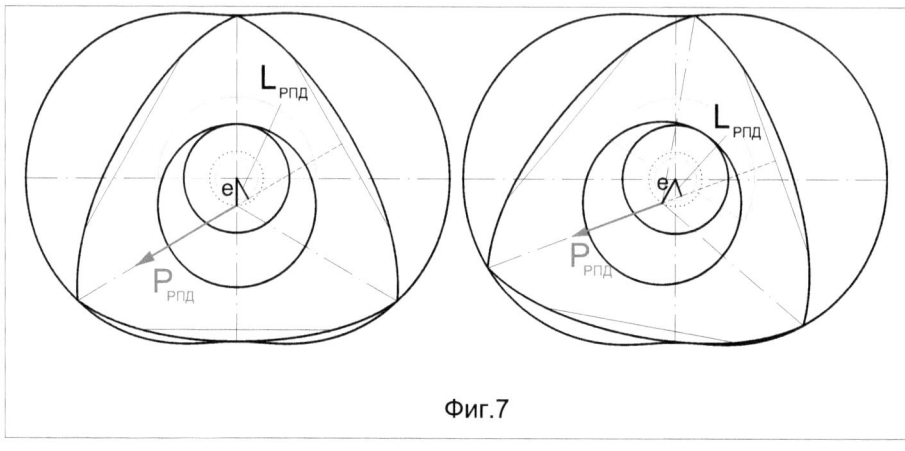

Фиг.7

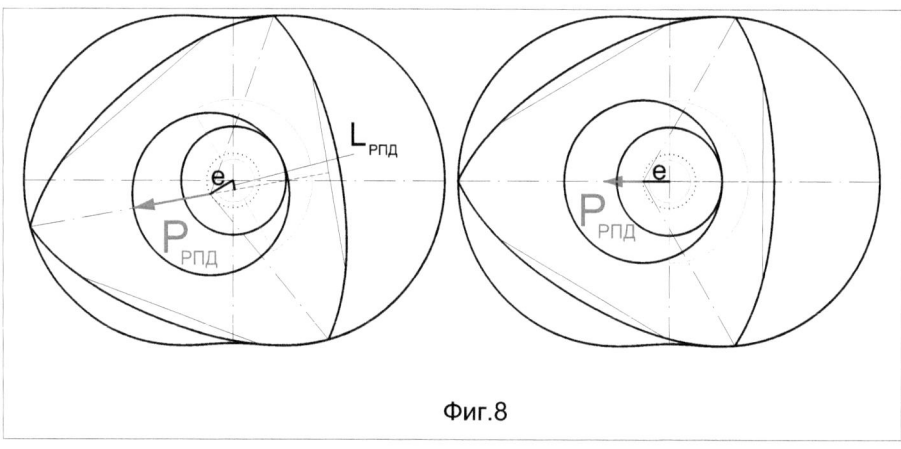

Фиг.8

По фазам на фиг.2 – 3 и фиг.4 – 8 на фиг.9 в одном масштабе построены графики изменения по углу **α** полного оборота на 360 градусов эксцентриситета **e** в такте рабочего хода в полости расширения поршневой и роторной секций для объёма **V** одинаковой массы заряда газообразного рабочего тела, начиная от одинакового для каждой из них минимального объёма камеры сгорания $V_{мин}$ до одинакового объёма максимально возможного расширения $V_{макс}$.

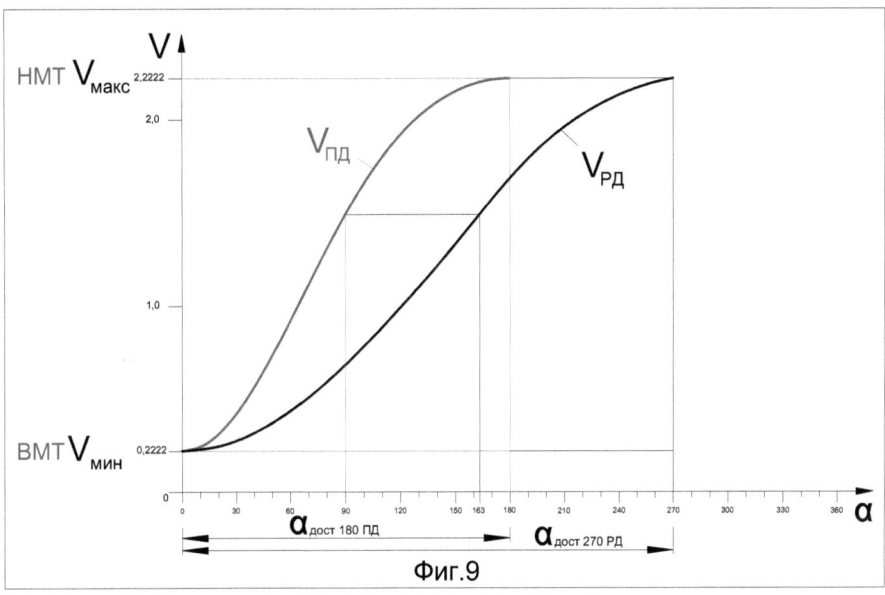

Фиг.9

Далее, основываясь на позиционировании и форме кривой линии графика зависимости текущего усилия заряда $P_{ПД}$ от текущего угла $α$ одного полного оборота эксцентриситета e механизма, взятой на основе анализа силовой характеристики такта рабочего хода из индикаторной диаграммы секции реального поршневого ДВС, для степени сжатия $ε = 10$ будем условно считать, что такт рабочего хода начинается непосредственно от значения угла $α = 0^o$ в ВМТ и уровня принятого нами базисного значения максимального усилия нагретого заряда $P_{макс} = 1$. Далее условно будем считать, что при повороте эксцентриситета на угол 90 градусов значение усилия нагретого заряда рабочего тела $P_{ПД}$ на днище поршня снижается на три четверти и составляет уже $0,25 P_{макс}$. А ещё через 90 градусов, при $α = 180^o$, значение усилия заряда снижается ещё на половину от достигнутого им при угле в 90 градусов значения **0,25P**_макс_, то есть до своего минимального значения в такте рабочего хода в поршневой рабочей полости $P_{мин} = 0,125P_{макс}$ (фиг.10).

Данная характеристика представляет собой вогнутую относительно осей абсцисс и ординат кривую линию, которая по своей форме и расположению относительно этих осей напоминает математическую кривую линию – **_трактрису_**, известную ещё под названием – **_кривая погони_**.

Следует отметить, что в результате такого условного построения форма силовой характеристики рабочего хода **$P_{ПД}$** на фиг.10 достаточно близка к форме кривой линии графика изменения усилия на поршень, производимого нагретым зарядом в такте рабочего хода в реальной поршневой секции.

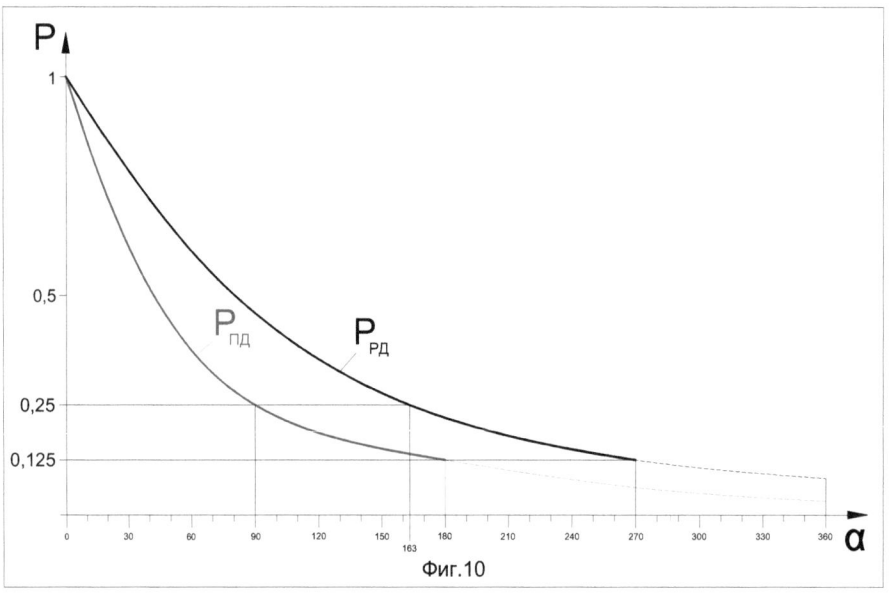

Фиг.10

В тот момент такта рабочего хода, когда объём заряда в секции ПД расширяется на объём заряда при угле $α = 90^o$, то есть до значения усилия **0,25P**_макс_, в секции РД такого значения объёма V заряд той же массы достигает только при угле $α = 163^o$, а своего минимального значения $P_{мин} = 0,125P_{макс}$ – при угле $α = 270^o$ (фиг.9). Поэтому график силовой характеристики заряда в такте рабочего хода для секции РД – $P_{РД}$ будет располагаться выше графика силовой характеристики усилия $P_{ПД}$ для секции ПД (фиг.10).

Силовая характеристика рабочего хода нагретого заряда рабочего тела $P_{ПД}$ или $P_{РД}$ – это предельно доступное в секции конкретной конструкции значение усилия P воздействия нагретого заряда рабочего тела на подвижную стенку рабочей полости секции в диапазоне текущего угла поворота α эксцентриситета e секции в такте рабочего хода, начиная от минимального значения объёма камеры сгорания $V_{мин}$ в ВМТ ($0^о$) и заканчивая достижением этим объёмом значения своего максимального расширения $V_{макс}$ в рабочей полости секции ($180^о$ – в секции ПД, $270^о$ – в секции РД). То есть выше, чем на силовой характеристике, в такте рабочего хода в рабочей полости секции объёмного ДВС не может быть текущего значения усилия P заряда при любом конкретном текущем угле поворота α эксцентриситета e.

По площади под силовыми характеристиками $P_{ПД}$ и $P_{РД}$, каждая из которых по углу оборота α эксцентриситета e представляет собой количество механической работы A заряда рабочего тела по перемещению поршня или ротора в одном такте рабочего хода, то есть по ***степени работоспособности*** нагретого заряда, секция РД превосходит секцию ПД в *1,77* раза. Таким образом, по сравнению с поршневой секцией, роторная секция создаёт нагретому заряду более комфортные условия для реализации им своей способности по перемещению подвижной стенки рабочей полости секции двигателя объёмного вытеснения в такте рабочего хода. Поэтому можно сказать, что по сравнению с поршневой секцией, роторная секция всегда обладает большей ***работоспособностью***.

Длины векторов усилий $P_{ПД}$ и $P_{РД}$ в фазах на фиг.2 – 8 для конкретных углов поворота α эксцентриситета e взяты в масштабе из графиков на фиг.10.

7. Рычаг момента силы

Результирующее усилие **P** нагретого в камере сгорания заряда рабочего тела, действующее в профиле на середину дна поршня или грани ротора, в секциях двигателей объёмного вытеснения на механизме с выходным силовым валом является усилием, в профиле секции вращающим рычаг, принадлежащий какому-либо подвижному элементу её конструкции.

В механизмах с *эксцентриковым валом* или сама сила **P** нагретого заряда, или одна из её составляющих вращает архимедов рычаг **L** подвижного элемента конструкции, который геометрически зависит, а также пропорционально изменяется и находится в рамках длины линии эксцентриситета **e** кинематической схемы данного механизма (фиг.2 – 8). При помощи жёстко закреплённого на валу кругового эксцентрика вала эксцентриситет в профиле секции имеет постоянную опору на эксцентрической оси эксцентрика, соосной с коренной осью вала секции, которая, в свою очередь, в профиле механизма всегда неподвижна по отношению к статору, благодаря коренным подшипникам данного силового вала. В связи с жёстким креплением эксцентрика на валу в механизмах с эксцентриковым валом, эксцентриситет **e** и силовой вал всегда вращаются синхронно относительно коренной оси вала.

При этом наблюдаемое в механизме секции в каждый текущий момент времени текущее значение вектора исходной силы заряда **P** вырабатывает на валу текущее значение момента силы **M**, которое определяется известным векторным произведением. Одним из двух его множителей выступает текущее значение вектора усилия **P** заряда. Вторым множителем является текущая длина рычага **L** – геометрической прямой линии перпендикуляра, в профиле механизма секции проведённого из его точки опоры, в данном случае на коренной оси вала, до его пересечения с прямой линией текущего вектора силы **P**. В скалярном виде значение момента силы выражается следующей известной формулой: **M = PL** (фиг.2 – 8).

Также следует учитывать, что если в секции роторно-поршневого двигателя Ванкеля вращающим является полное значение предельно возможного в ней усилия $P_{РПД} = P_{РД}$, то в поршневой секции вращающим усилием является действующая вдоль шатуна составляющая сила $F_{ПД}$, имеющая меньшее текущее значение, чем каждое текущее значение полной силы $P_{ПД}$ для секции ПД (фиг. 2, 3). Такая особенность поршневой секции связана с наличием в силовой цепи её механизма на пути распространения силы $P_{ПД}$, до силового подшипника вала, двух дополнительных кинематических пар, в которых в каждом такте рабочего хода неизбежно теряется в совокупности примерно 7% энергии усилия $P_{ПД}$ на преодоление сопротивления в подшипнике скольжения между поршневой шейкой шатуна и поршневым пальцем, а также в тронке поршня, где программное прямолинейное скольжение цилиндра поршня вдоль линии оси полого цилиндра статора секции тормозится зеркалом внутренней поверхности этого цилиндра (фиг.11).

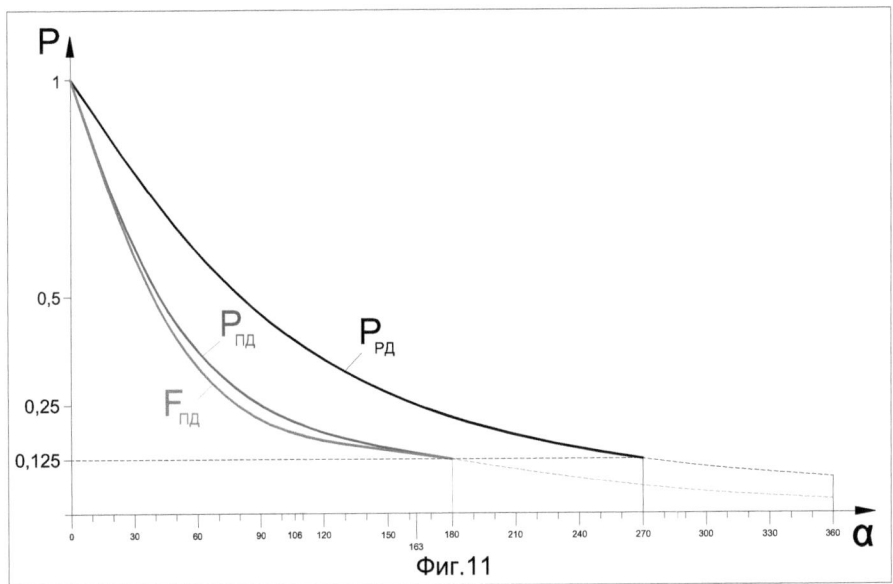

Фиг.11

По фазам на фиг.2 – 8 по углу оборота α эксцентриситета e на фиг.12 в одном масштабе построены графики изменения в такте рабочего хода текущей длины вращающих рычагов секций ПД и РПД Ванкеля.

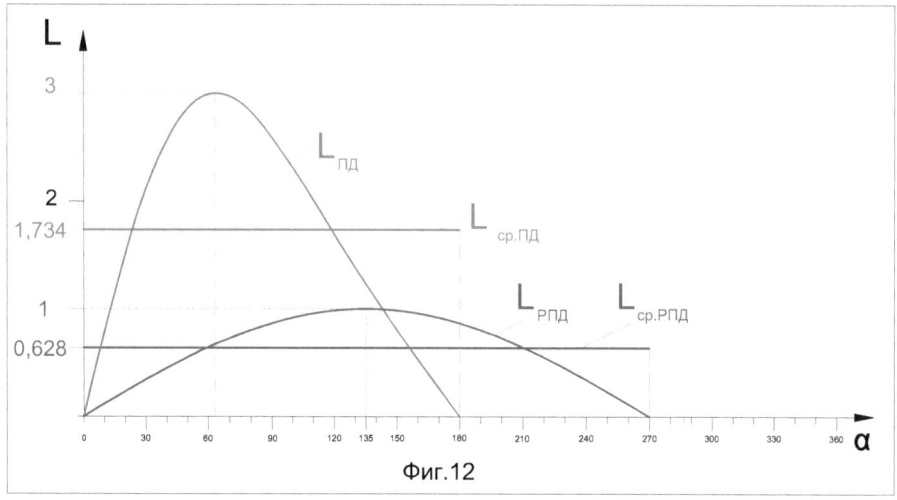

Фиг.12

По фиг.12 в такте рабочего хода среднее значение рычага вращения вала у секции ПД $L_{ср.ПД}$ в **2,76 раза** (то есть на 276%) длиннее среднего рычага $L_{ср.РПД}$ секции РПД Ванкеля того же рабочего объёма.

И данный факт до настоящего времени является *самым существенным недостатком механизма секции РПД Ванкеля* с силовым эксцентриковым валом.

В результате этого при одинаковом начальном усилии $P_{макс.}$ нагретого заряда в такте рабочего хода четырёхцилиндровый поршневой двигатель всегда обладает бóльшим, чем двухсекционный роторно-поршневой двигатель Ванкеля с секциями того же рабочего объёма, значением момента силы и бóльшим значением мощности N, которое, как известно, находится в прямой пропорциональной зависимости от значения момента силы.

И это справедливо, даже не смотря на более высокую (на 77%) в секции РПД характеристику усилия нагретого заряда в такте рабочего хода. А также не смотря на имеющиеся в поршневой секции 7% дополнительных потерь исходной энергии в тронке и поршневом пальце и на дополнительные существенные потери в поршневой секции на приводе своего клапанного газораспределительного механизма, в том числе и на преодоление повышенного гидравлического сопротивления в клапанных газовых каналах. И даже не смотря на наличие в механизме поршневой секции энергозатратного непрерывного чередования по два раза за каждый оборот вала торможения до нуля, а затем разгона массивных элементов его входного силового звена – поршня и шатуна.

Прежде всего, именно указанный недостаток является *единственным определяющим* фактором в известной низкой коммерческой конкурентоспособности роторно-поршневого двигателя Ванкеля по сравнению с традиционным поршневым ДВС. При этом следует отметить, что по сравнению с данным недостатком, практически все прочие свойства конструкции РПД Ванкеля, исторически вольно приписанные к «недостаткам РПД» лишь на основании их сравнения с какими-то из свойств конструкции классического поршневого двигателя, как известно, никогда не относились к категориям непреодолимых препятствий и не решаемых проблем.

8. Роторная секция на механизме с силовой цевочной муфтой

Тем не менее, уже известна конструкция роторной секции ДВС объёмного вытеснения с механизмом силовой цевочной муфты (ДЦМ), в которой проблема «короткого рычага» успешно решена.

Эксцентрик вала в секции ДЦМ отсутствует. В профиле её механизма принадлежащий ротору вращающий рычаг имеет себе точку опоры не на коренной оси вала, а непосредственно на боковом фланце статора. В профиле данной секции расчётная геометрическая точка приложения результирующего вращающего усилия $P_{ДЦМ}$ нагретого заряда рабочего тела, расположена не на центральной оси круга эксцентрика вала и совпадающей с ней оси ротора, как в секции РПД, но теперь она находится непосредственно в середине поверхности наружной грани ротора. При этом у секции с цевочной муфтой силовая характеристика рабочего хода $P_{ДЦМ}$ такая же, как у роторно-поршневой секции $P_{РПД} = P_{РД}$ (фиг.10).

Вдобавок, рычаг вращения в секции двигателя с механизмом с цевочной муфтой имеет себе опору не в неподвижной точке профиля секции, а в текущей подвижной точке механического контакта между кромкой внутренней линии окружности программного колеса, соосной с призмой ротора, известной ещё из конструкции секции РПД Ванкеля программной шестерни ротора с внутренними зубьями, и кромкой наружной линии окружности программного колеса неподвижной программной шестерни статорного фланца с внешними зубьями, соосной с коренной осью силового вала секции, по которой при работе механизма, как и в механизме РПД, катится без проскальзывания программная шестерня ротора.

При этом так же, как и в РПД, неподвижная программная шестерня статора одновременно служит тем необходимым и надёжным упором, который в профиле механизма секции препятствует непрерывному, инерционному, центробежному стремлению массы ротора сместить к периферии в радиальном направлении ось ротора с траектории линии программной окружности ротора с радиусом длины эксцентриситета и с центром, лежащим на коренной оси вала. Например, в поршневой секции функция подобного инерционного радиального упора возложена на коренные подшипники силового вала.

Однако если в секции РПД Ванкеля момент силы вырабатывается непосредственно эксцентриком вала, то в секции ДЦМ он воспроизводится без использования прочих балластных механических посредников, то есть ещё до выхода энергии текущего такта рабочего хода на вал, непосредственно самим входным силовым звеном кинематической схемы механизма секции – ротором, обеспечивая этим высокую эффективность процесса выработки момента силы.

При этом существенно бо́льшую эффективность дополнительно создаёт ещё одно важное свойство механизма ДЦМ – это более высокий верхний предел изменения значения текущего рычага вращения ротора, по сравнению с длиной рычага вращения эксцентрика вала в секции РПД. В механизме секции ДЦМ длина вращающего рычага сверху ограничена **тройной длиной** линии его эксцентриситета **e**.

В этом механизме эксцентриситет **e** по-прежнему присутствует, но только он не материализован в отсутствующем там эксцентрике вала, и, если так можно выразиться, он является «виртуальным». Однако по геометрической линии окружности, с радиусом длины эксцентриситета **e** в механизме секции ДЦМ, как и механизме РПД Ванкеля, параллельно и относительно геометрической линии коренной оси вала в профиле секции перемещается геометрическая ось реального подвижного элемента конструкции – призмы ротора (фиг.13).

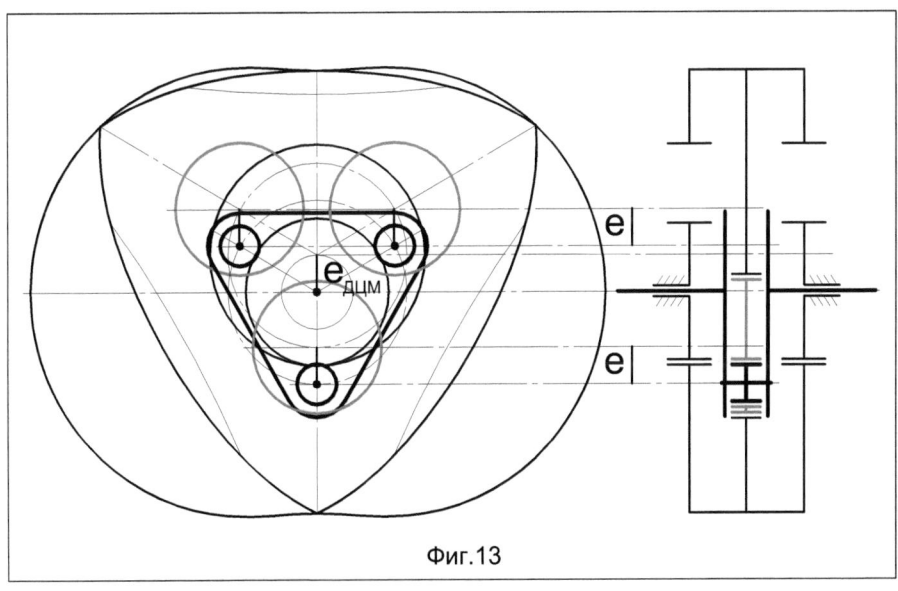

Фиг.13

Механизм роторной секции с силовой цевочной муфтой отличается от механизма роторно-поршневой секции Ванкеля только конструкцией своей силовой кинематической пары, представляющей собой высокоэффективную **силовую цевочную муфту** с её известным механическим коэффициентом полезного действия, равным 95 – 97% .

Для передачи к нагрузке вращающего момента ротора секции ДЦМ, её механизм в своём составе тоже имеет известное выходное силовое звено – выходной силовой вал, соосно и жёстко соединённый с входным силовым валом механизма нагрузки. С той лишь разницей, что тело силового вала секции относительно его коренной оси по всей своей длине является симметрично уравновешенным.

Так как в такте рабочего хода по направлению распространения потока механической энергии, исходящего от нагретого заряда рабочего тела, текущий силовой момент вырабатывается самим ротором ещё до выхода потока на силовой вал, то для передачи момента на сам этот вал принципиально возможно применение только одного типа механического устройства, которым является механическая муфта. *Муфта* – это устройство, соединяющее совместно работающие валы (в данном случае в качестве одного из валов выступает ротор) и транслирующее через себя момент силы *M*, практически, без изменения его величины и без изменения направления и угловой скорости вращения валов. Единственной известной механической муфтой, способной между параллельными осями соединяемых через неё валов в механизме ДВС передавать вращающий момент посредством силовых звеньев – *кривошипов*, известных *простотой, компактностью, лёгкостью и надёжностью* своей конструкции, является цевочная муфта, которая успешно применяется, в частности, в силовых циклоидных редукторах. В любой момент времени, без провалов и торможения эта муфта способна передавать момент силы во всём диапазоне своего полного оборота на 360° и между параллельными осями в обоих направлениях.

В механизме секции ДЦМ (фиг.13) силовая цевочная муфта содержит свойственные ей два основных звена. Во-первых, по меньшей мере, один диск силового вала с параллельными коренной оси вала цевками (кривошипами), на каждой из которых установлен свой круговой ролик цевки. И, во-вторых, параллельный диску вала силовой средний диск ротора, в котором выполнены круговые отверстия, внутри которых по одному размещены круговые ролики цевок вала. Для требуемой компактности механизма теплового двигателя число цевок диска вала и отверстий силового диска ротора равно числу граней ротора. Диаметр линии центральной геометрической окружности диска вала, на которой симметрично относительно коренной оси вала установлены оси цевок, равен по своей длине диаметру центральной геометрической окружности, на которой симметрично относительно оси ротора выполнены отверстия силового диска ротора. При работе механизма секции центр данной окружности диска ротора перемещается относительно коренной оси вала по линии окружности с радиусом длины линии своего виртуального эксцентриситета e (патент РФ № 2455509, 2010 г.).

То есть механизм секции с цевочной муфтой, как и механизмы поршневой и роторно-поршневой секций, тоже является *кривошипным механизмом*. Только, в отличие от механизмов секций ПД и РПД, в силовой цепи каждого из которых в диаметральном сечении своего силового вала параллельно его коренной оси установлен лишь один кривошип (эксцентрик) – *монокривошип*, силовая цепь механизма секции с цевочной муфтой содержит там сразу несколько одновременно работающих одинаковых кривошипов, параллельно установленных на силовом валу в профиле взаимно симметрично относительно его коренной оси – это *поликривошип*. В каждой секции с трёхгранным ротором таких кривошипов – три штуки. В профиле данного механизма по кругу диска вала оси цевок (кривошипов) взаимно расположены через 120 градусов.

Однако в отличие от механических циклоидных редукторов, в силу повышенных требований к компактности конструкции по соображениям минимальности площади теплообмена и масс подвижных деталей, а также необходимости высокоскоростной передачи колоссальных импульсных усилий в совокупности с особо повышенной температурой рабочих процессов, к элементам конструкции механизма силовой цевочной муфты предъявляются те же самые известные особо жёсткие необходимые требования, общепринятые для механизмов ДВС объёмного вытеснения. Все они, безусловно, применяются и успешно работают в обоих известных на настоящее время механизмах секций ПД и РПД коммерческого исполнения. Других, известных своей коммерческой практикой механизмов ДВС объёмного вытеснения пока больше не существует.

Согласно этим необходимым требованиям, во-первых, внутри рабочей полости каждой секции ДВС вокруг объёма одного заряда рабочего тела не должно находиться больше одной подвижной стенки, кинематически связанной с единственным силовым валом, например, одного дна одного поршня или одной грани одного ротора.

Во-вторых, все элементы силовой цепи в обязательном порядке должны быть полноопорными и механически надёжными, то есть никакие консоли и тонкостенные элементы в силовой цепи механизма ДВС категорически недопустимы.

В-третьих, все силовые подшипники, пожалуй, кроме коренных подшипников, должны иметь возможность представлять собой подшипники скольжения, допускающие применение в них метода гидродинамической смазки.

В-четвёртых, контактные поверхности звеньев силовых подшипников должны располагаться предельно удалённо от горячей рабочей полости, то есть они должны быть максимально приближены к коренной оси силового вала.

Также в конструкцию механизма должны быть заложены возможности для его приемлемой балансировки.

Проведём эксперимент. В действующем макете секции РПД Ванкеля в подшипник фланца секции, на котором нет программной шестерни статора, установим эксцентриковый вал с ротором, размещённым на эксцентрике при положении в ВМТ. Если надавить на центр грани ротора пальцем, имитируя давление нагретого газа заряда рабочего тела в такте рабочего хода, то ротор параллельно самому себе сместится в направлении НМТ. При этом вал свободно повернётся в коренном подшипнике фланца. Если просто вращать ротор относительно его оси, то и вал вместе с ротором также будет вращаться относительно своей коренной оси. Если вал застопорить, то ротор можно вращать на эксцентрике вокруг его собственной оси. Если ротор застопорен, то вал всё равно вращается в своём коренном подшипнике.

Если в действующем макете секции ДЦМ в подшипнике фланца, на котором нет программной шестерни статора, установить вал с ротором в положении ВМТ и точно также надавить на центр ротора, то ротор тоже, как и в секции РПД, будет перемещаться к НМТ, не вращаясь. Однако вал при этом вращаться не будет. В то же время, все попытки удержать вал от вращения в своём коренном подшипнике фланца ни к чему не приведут, если относительно своей собственной оси вращать ротор. И вал невозможно провернуть, если застопорен ротор.

По результатам этого эксперимента можно сделать следующие выводы.

В секции РПД вращение вала не стопорится, если ротор при этом не вращается. Тогда получается, что в данной секции вращение трёхгранного ротора относительно своей оси необходимо лишь для организации его планетарного перемещения, при котором появляется возможность организации в рабочей полости секции трёх независимых друг от друга изменяемых локальных объёмов, заключённых между вершинами профиля гипоциклоиды ротора и профилем эпициклоиды статора.

В связи с этим в секции РПД в такте рабочего хода, как и в секции поршневого двигателя, вал получает вращение исключительно от приложения вращающего усилия заряда к рычагу вала в точке оси круга эксцентрика, соосной с осью призмы ротора, перемещающейся по линии окружности с радиусом эксцентриситета. Опора этого рычага в профиле секции РПД непрерывно располагается на коренной оси вала. А текущая длина рычага вала всегда находится в рамках длины эксцентриситета.

В то же время в секции ДЦМ вал вращается исключительно и только при единственном условии – *вращении ротора*.

Поэтому в секции механизма на цевочной муфте вращение вала происходит в результате передачи на него через кривошипы вала цевочной муфты момента силы от ротора. Вращающий момент ротора образуется от приложения вектора усилия нагретого заряда, проходящего через ту же, что и в РПД, точку оси ротора, к плечу рычага ротора, имеющего текущую точку опоры. Пространственное положение этой текущей точки опоры геометрически определяется продлением прямой линии эксцентриситета от оси ротора до пересечения с текущей точкой касания линий программных окружностей шестерен статора и ротора. В результате рычаг ротора обладает собственной текущей длиной, которая способна изменяться в рамках тройной длины эксцентриситета механизма секции с цевочной муфтой.

Осуществляя своё планетарное перемещение в такте рабочего хода, в секции РПД ротор под действием нагретого заряда давит всей своей массой на эксцентрик вала, заставляя его и вал вращаться. А в секции ДЦМ, воздействуя на цевки (кривошипы) через эксцентрические ролики цевок, вращающийся ротор тянет за собой во вращение цевочный диск вала.

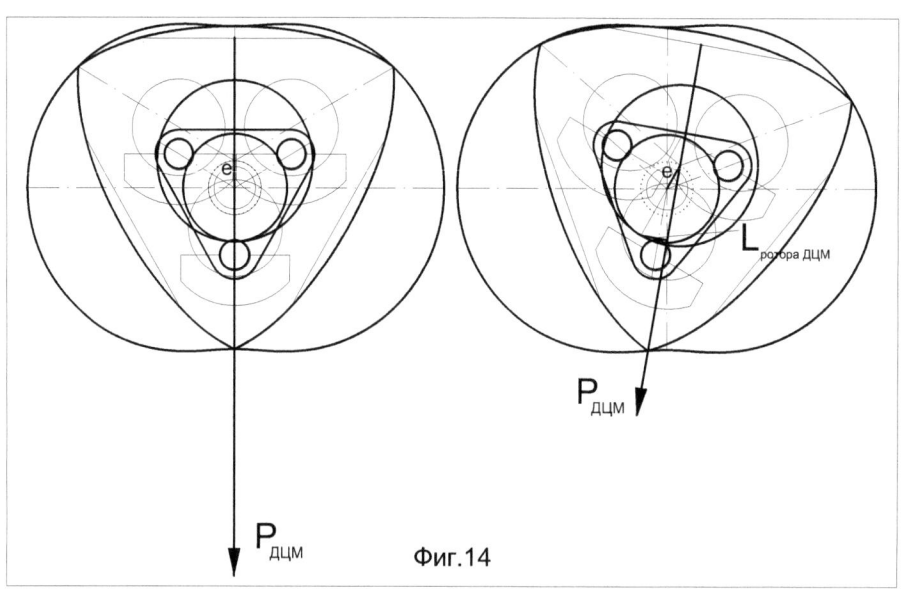

Фиг.14

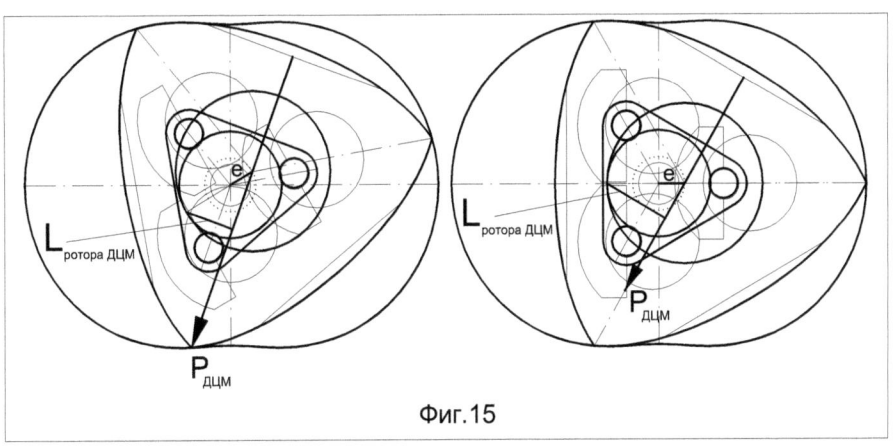

Фиг.15

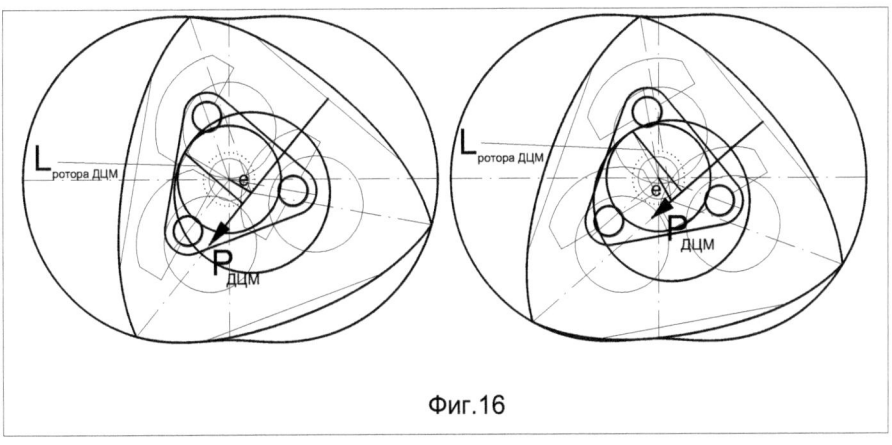

Фиг.16

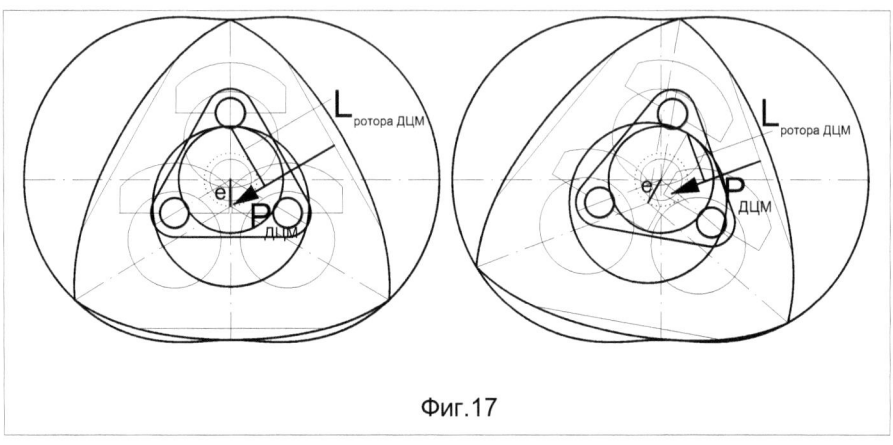

Фиг.17

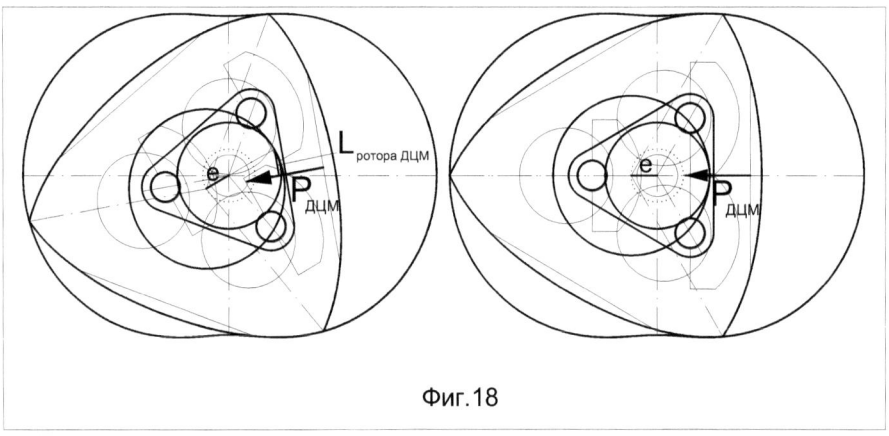

Фиг.18

На фиг.14 – 18 показаны фазы изменения объёма рабочей полости в такте рабочего хода в роторной секции с силовой цевочной муфтой и трёхгранным ротором. Диапазон изменения угла поворота α эксцентриситета e между фазами задан интервалом в 30 градусов.

Длины векторов усилий $P_{РД}$ в фазах на фиг.14 – 18 для конкретных углов поворота α эксцентриситета e взяты в масштабе из графика на фиг.10.

По фазам фиг.14 – 18 на фиг.19 построен график изменения длины рычага вращения ротора секции ДЦМ по углу поворота **α** эксцентриситета **е**. На этом же графике в том же масштабе по фиг.12 также изображены графики изменения длин рычагов вращения вала секций ПД и РПД.

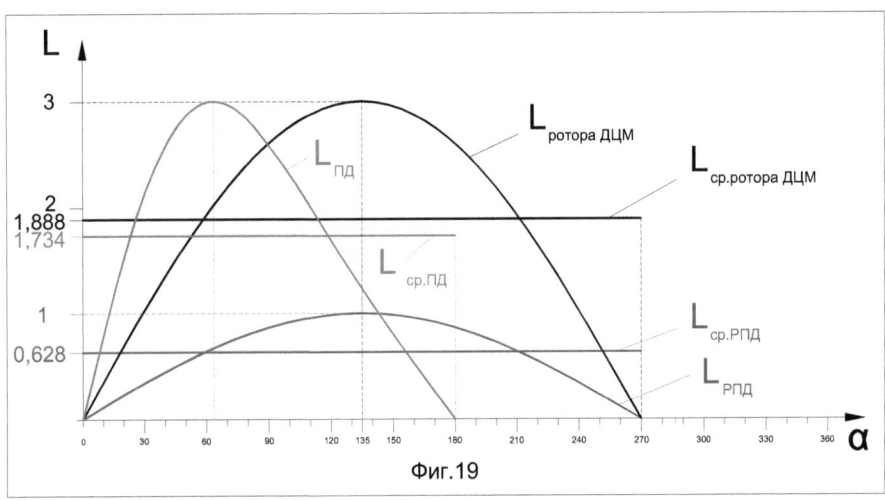

Фиг.19

Значение среднего за такт рабочего хода рычага ротора $L_{ср.ротора\ ДЦМ}$ в секции ДЦМ ровно в **3 раза** больше значения среднего рычага вала $L_{ср.РПД}$ секции РПД и в **1,09 раза** больше значения среднего рычага вала $L_{ср.ПД}$ секции ПД.

При этом пиковые значения рычагов $L_{ротора\ ДЦМ}$ и $L_{ПД}$ взаимно равны.

Из фиг.14 – 18, в том числе по фазам наглядной динамики вращения противовесов роликов цевок вала, видно, что в секции ДЦМ угловая скорость вращения эксцентриситета **е** и оси ротора относительно коренной оси вала в **3 раза выше** угловой скорости вращения самого́ силового вала. Поэтому в процессе своей самостоятельной работы тепловой двигатель, состоящий из секций с механизмом на силовой цевочной муфте, работает как ***тепловой мотор-редуктор***, в данном случае как ***ДВС-редуктор***.

ДВС-редуктор – это такой механизм секции роторного двигателя внутреннего сгорания объёмного вытеснения, в котором значение угловой скорости вращения относительно собственной коренной оси его выходного силового звена – вала всегда меньше значения угловой скорости перемещения оси его входного силового звена – ротора относительно этой же коренной оси вала.

Таким образом, по сравнению с секцией РПД Ванкеля, за одинаковое число тактов рабочего хода в каждой секции роторного двигателя с механизмом цевочной муфты производится меньшее число оборотов силового вала, с каждым углом поворота которого валу нагрузки передаётся соответственно большее, чем в РПД, количество механической энергии.

Использование двигателя, состоящего из данных секций, для привода некоторых категорий механизмов нагрузки позволяет либо существенно облегчить механизм дополнительного самостоятельного устройства – механического редуктора, который обычно располагается между выходным валом механизма двигателя и входным валом механизма нагрузки, либо вообще полностью отказаться от этой промежуточной коробки передач.

При этом оперативное повышение мощности двигателя за счёт повышения количества тактов рабочего хода в единицу времени, выраженное в увеличении скорости вращения вала, производится не за счёт повышения скорости вращения таких инерционно массивных подвижных деталей, как эксцентрик вала и тяжёлый ротор механизма секции РПД, а посредством вращения по окружности траектории движения короткого эксцентриситета лишь оси лёгкого ротора механизма секции ДЦМ. Кроме полного исключения такой детали механизма, как эксцентрик вала, и любых потерь энергии, связанных с работой его отсутствующей силовой кинематической пары, это способствует улучшению процесса оперативной управляемости двигателем, а также уменьшению в нём инерционных масс маховика и балансировочных противовесов.

9. Момент силы

На фиг.20 в одном масштабе показаны графики момента силы для каждой из трёх сравниваемых секций ПД и РД.

Построение графиков текущих значений момента силы по текущему углу поворота $\boldsymbol{\alpha}$ эксцентриситета $\boldsymbol{e}$ для каждой из секции выполнено для каждого конкретного значения угла поворота $\boldsymbol{\alpha}$ эксцентриситета $\boldsymbol{e}$ на основании умножения текущего значения усилия $\boldsymbol{F_{ПД}}$ поршневой секции из графика на фиг.11 на значение длины рычага $\boldsymbol{L_{ПД}}$ из графика на фиг.19. А также для секций РПД и ДЦМ посредством умножения текущего значения усилия $\boldsymbol{P_{РД}}$ роторной секции из графика на фиг.11 на текущее значение длины рычага, соответственно, $\boldsymbol{L_{РПД}}$ и $\boldsymbol{L_{ДЦМ}}$ из графика на фиг.19.

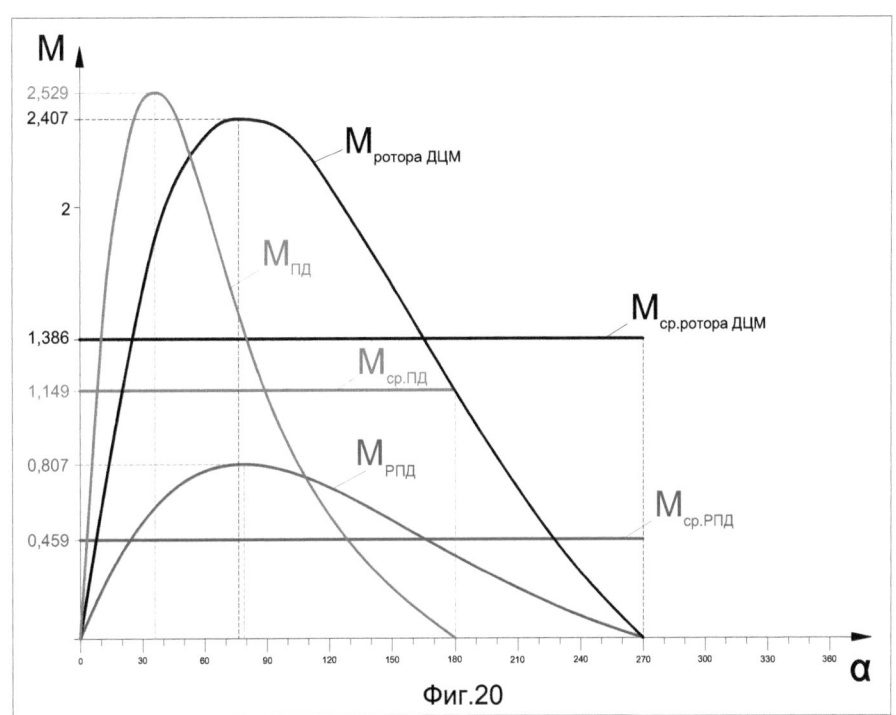

Фиг.20

Сразу следует отметить, что на фиг.20 изображены графики изменения моментов силы, каждый из которых в своём значении также содержит, в том числе, и механические потери, которые являются составной частью общего количества выработанной поршнем или ротором механической энергии, полученной от исходного количества энергии нагретого заряда рабочего тела для каждого такта рабочего хода.

Это количество механической энергии является *потерянным для нагрузки* потому, что тут же и непрерывно оно расходуется этим же поршнем или ротором, а также управляемыми ими прочими подвижными механическими звеньями конструкции секции, как на преодоление механического сопротивления в кинематических парах собственного механизма секций двигателя, так и на внутреннее накопление механической энергии внутри механизма двигателя, то есть, в их совокупности, на так называемые *механические потери собственных нужд* двигателя.

Эти затраты выработанной в механизме секции механической энергии никогда и ни при каких обстоятельствах не доходят до вала механизма нагрузки, то есть до того са́мого вала стороннего потребителя, для вращения которого, собственно, и создаётся тепловой двигатель. А без непрерывного учёта нами реального или предполагаемого соединения силового вала двигателя с валом нагрузки рассмотрение теплового двигателя, как такового, полностью теряет всякий известный практический смысл.

Поэтому на данном этапе рассмотрения предлагается выделить из текущих значений моментов механические затраты на собственные нужды, которые напрямую зависят от особенностей механической конструкции каждой конкретной секции ДВС. То есть предлагается сразу убрать и больше не вести их в значениях момента силы до вала нагрузки, на который они всё равно никогда не попадут. Но тогда, после их вычитания из значений моментов силы (фиг.20), на выходе мы сразу будем оперировать уже существенно приближенными к реальным значениям моментов силы, передаваемым от силового вала ДВС на вал нагрузки.

Таких категорий механических потерь на собственные нужды секции, как части от выработанного в такте рабочего хода общего количества механической энергии, существует, по меньшей мере, четыре:

1. На механические потери по преодолению сопротивления скольжения уплотнительных элементов и участков поверхности поршня и шатуна или ротора по радиальным и осевым упорам и по стенкам статора секций – это примерно 3%.

2. На механические потери в силовых подшипниках секций – это примерно 5%.

3. На накопление механической энергии в маховике механизма каждого двигателя – это примерно 2%.

4. Конкретно в поршневой секции – на привод балластного клапанного газораспределительного механизма – это примерно 5% и на преодоление повышенного гидравлического сопротивления в клапанных каналах выпуска и впуска для газовых потоков, управляемых поршнем – это примерно 2%.

На самом деле реальная доля механических потерь выше указанных здесь значений, особенно для поршневой секции, в том числе с учётом непрерывно чередующихся в ней инерционных энергозатратных разгонов и торможений поршня и шатуна. Тем не менее, посредством использования таких относительно невысоких и взаимно усреднённых значений механических потерь предпринимается попытка уравнять взаимные шансы секций ради объективности метода их сравнения.

В результате, на механические собственные нужды роторные секции теряют примерно по 10%, а поршневая секция потеряет примерно ещё 17% от своего текущего значения момента силы на каждом угле поворота α эксцентриситета.

При этом следует напомнить, что ранее нами уже учтены механические потери собственных нужд поршневой секции, происходящие в силовой цепи механизма до силового подшипника вала: в поршневом пальце и тронке (фиг.11).

Как после этого изменяются графики моментов сравниваемых секций ПД, РПД и ДЦМ показано, соответственно, на фиг.21, фиг.22 и фиг.23.

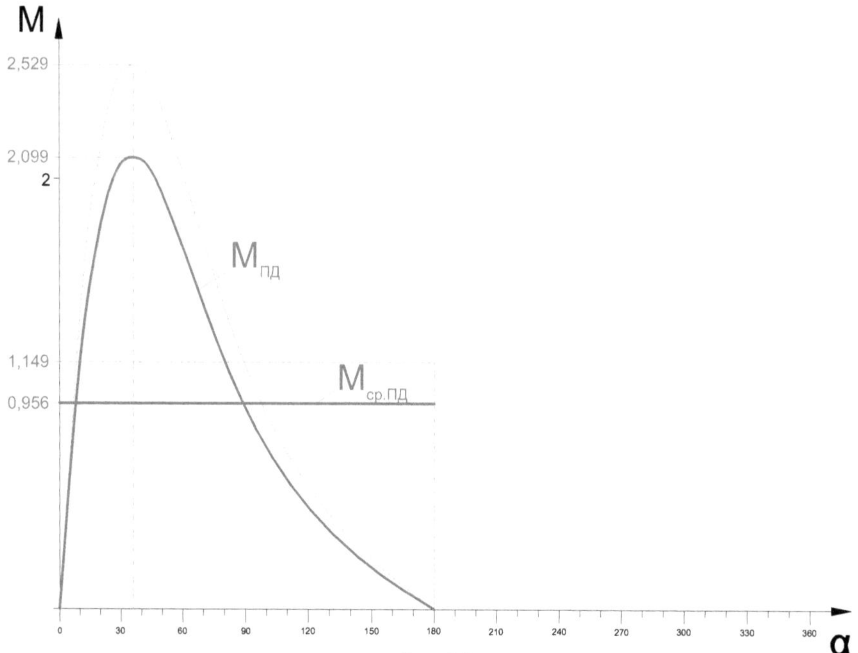

50

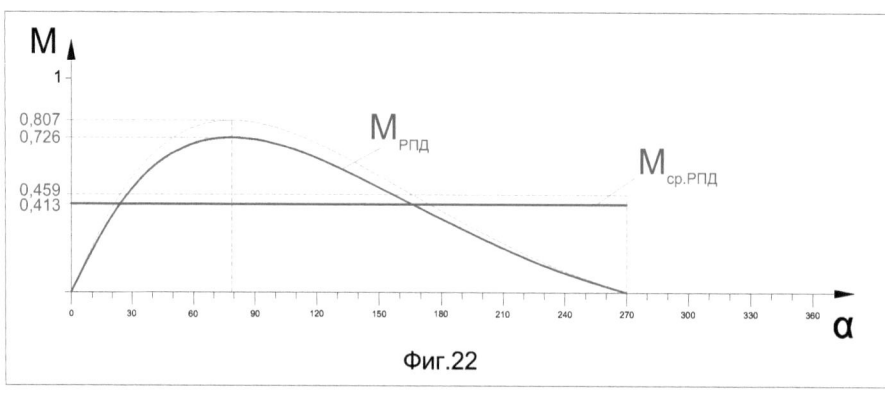

Фиг.21

Фиг.22

M
2,407
2,166
2
1,386
1,248
1
M ротора ДЦМ
M ср.ротора ДЦМ
0
30
60
90
120
150
180
210
240
270
300
330
360
α

Фиг.23

M
2,166
2,099
2
1,248
1
0,956
0,726
0,413
M ротора ДЦМ
M ПД
M ср.ротора ДЦМ
M ср.ПД
M РПД
M ср.РПД
0
30
60
90
120
150
180
210
240
270
300
330
360
α

Фиг.24

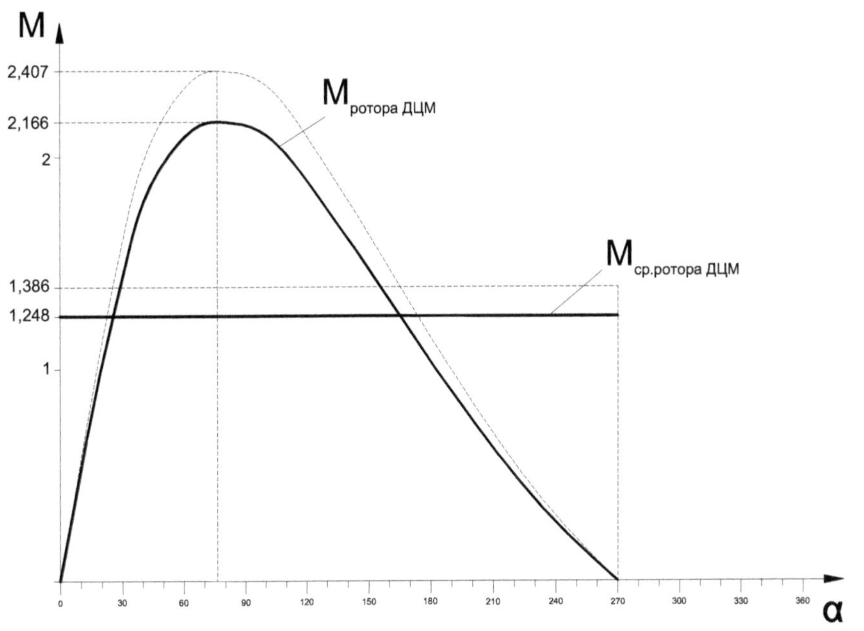

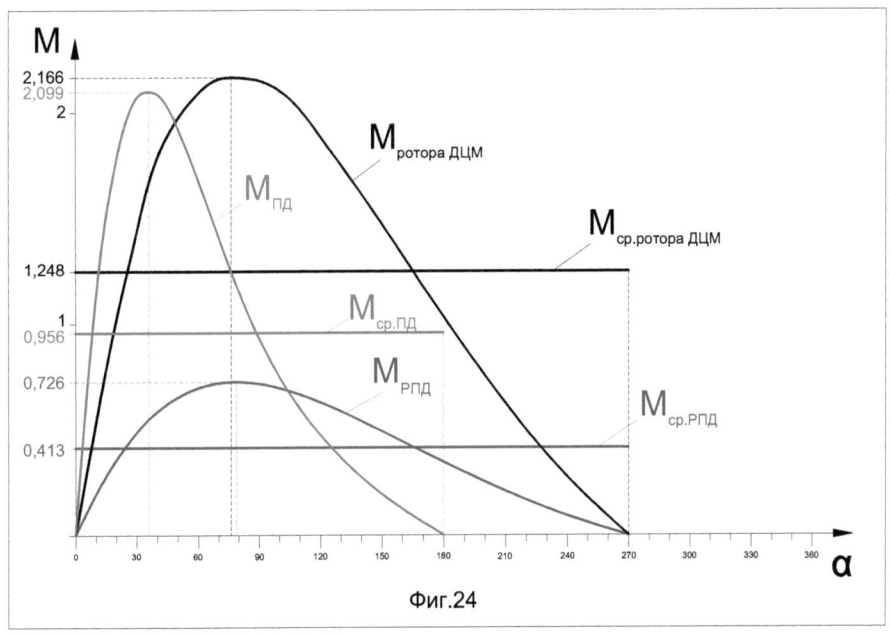

Очищенные от механических потерь собственных нужд графики моментов силы в одном масштабе одновременно всех трёх секций изображены на фиг.24.

Значение среднего за такт рабочего хода момента силы ротора $M_{ср.ротора\,ДЦМ}$ в секции ДЦМ ровно в *3 раза* больше значения среднего момента силы $M_{ср.РПД}$ секции РПД и в *1,3 раза* больше значения среднего момента силы $M_{ср.ПД}$ секции ПД.

Пиковое значение момента $M_{ротора\,ДЦМ}$ в *1,03 раза* выше, чем у пикового момента $M_{ПД}$.

10. Приведение моментов силы к обороту вала

Момент силы в механизме ДВС объёмного вытеснения воспроизводится его подвижными элементами на протяжении процесса (такта) рабочего хода термодинамического цикла заряда рабочего тела за максимально доступный в каждой секции свой угол поворота *α* эксцентриситета *е*. Однако передача выработанного механизмом двигателя момента силы *М* на вращающий рычаг входного вала механизма нагрузки производится не рычагом эксцентриситета *е*, а рычагом силового вала двигателя, состоящего, по меньшей мере, из одной своей секции.

В разных конструкциях сравниваемых секций за один полный оборот вала на угол *β = 360°* эксцентриситет *е* совершает разное число своих полных оборотов на угол *α = 360°*. Например, в поршневой и роторно-поршневой секциях, в связи с синхронностью с валом вращения их эксцентриситетов $e_{ПД}$ и $e_{РПД}$, углы поворота *α* их эксцентриситетов равны углу поворота вала: *α = $α_{ПД}$ = $α_{РПД}$ = $β_{ПД}$ = $β_{РПД}$ = β*. В роторной секции с силовой цевочной муфтой скорости вращения его эксцентриситета $α_{ДЦМ}$ и $β_{ДЦМ}$ вала секции десинхронизированы. Виртуальный эксцентриситет $e_{ДЦМ}$ данной секции в любой момент времени вращается в *3 раза быстрее* своего вала, поворачивающегося на угол $β_{ДЦМ}$.

Таким образом, за один полный оборот вала на угол *β = 360°* в поршневой и роторно-поршневой секции Ванкеля и эксцентриситеты также поворачиваются на угол 360°: $α_{ПД} = 360^o$ и $α_{РПД} = 360^o$. А эксцентриситет роторной секции с цевочной муфтой за один полный оборот своего вала на угол $β_{ДЦМ} = 360^o$ полностью оборачивается трижды, то есть на троекратно больший угол $α_{ДЦМ} = 360^o \ x \ 3 = 1080^o$.

В поршневой секции наблюдается явный переизбыток балластного, то есть излишнего энергозатратного механического перемещения подвижных элементов её механизма. Для организации всего лишь одного такта рабочего хода в ней *относительно статора* производятся два полных цикла программно-повторяющегося перемещения его элементов, обладающих существенной собственной инерционной массой. Это детали шатунно-поршневой группы, эксцентрик и силовой вал.

В роторно-поршневой секции, энергетически более эффективной, чем секция ПД, с точки зрения сокращения количества и длительности балластного пространственного перемещения, на один такт рабочего хода приходится уже только один полный цикл перемещения относительно статора массивных подвижных деталей его механизма: эксцентрика и вала. И только одна треть оборота ротора.

Но минимум энергозатратных механических движений относительно статора для исполнения одного такта рабочего хода ротор, ролики цевок и вал производят в механизме роторной секции с механизмом цевочной муфты. Для исполнения одного такта рабочего хода в этой секции требуется всего лишь одна треть от их полного цикла перемещения относительно статора. При этом в секции ДЦМ выполнение функции подвижных программных элементов механизма секции, каждый из которых совершает один свой полный оборот при исполнении одного такта рабочего хода, возложено на три синхронно вращающихся ролика цевок, обладающих мизерной собственной инерционной массой. Каждый такой круговой ролик цевки, являющийся по своей конструкции незакреплённым, или *свободным эксцентриком*, вместе с ротором и валом планетарно перемещается относительно статора. Но одновременно он также и непрерывно вращается *относительно ротора и вала*, своим полным программно-повторяющимся оборотом на 360 градусов обеспечивая подход очередной грани ротора к минимальному объёму сжатия камеры сгорания через каждую треть от полного оборота ротора и вала.

Таким образом, в секции ПД один такт рабочего хода происходит за два полных оборота вала $2\beta_{ПД} = 720^o$. В секции РПД один такт рабочего хода выполняется за один полный оборот вала $\beta_{РПД} = 360^o$. А в секции ДЦМ один такт рабочего хода совершается за 120 градусов оборота вала: $\beta_{ДЦМ} = 120^o$.

В связи с синхронностью вращения эксцентрика и вала, в графиках моментов силы для секций ПД и РПД с эксцентриковым валом шкала угла α эксцентриситета e по масштабу одинакова с синхронной с ней шкалой угла $\beta_{ПД}$ $= \beta_{РПД} = \beta$ поворота вала (фиг.25).

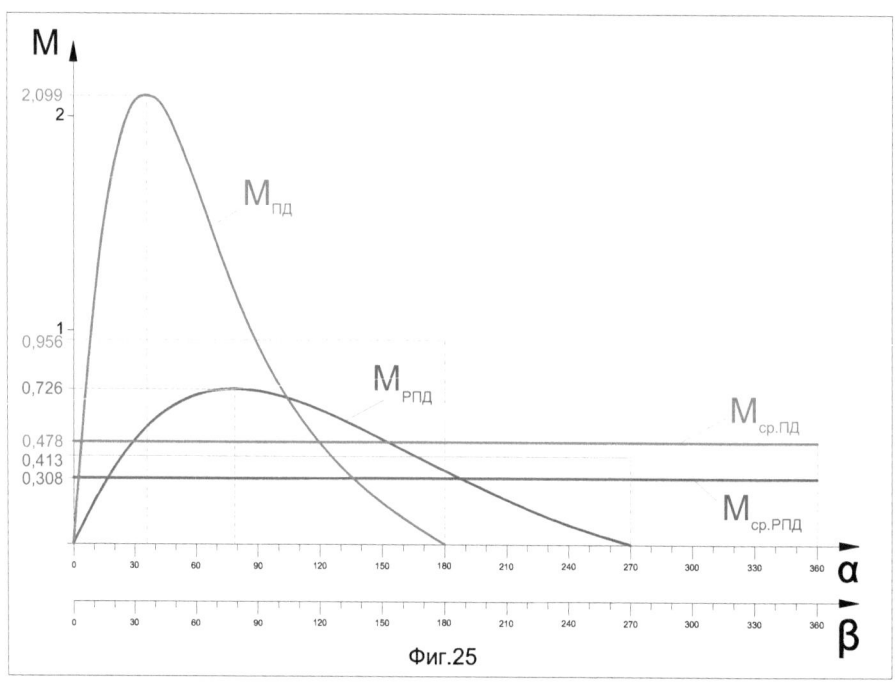

Фиг.25

Но тогда при этом значение среднего момента силы в текущем такте рабочего хода за один полный оборот вала $\beta = 360^o$ по шкале β снизится пропорционально интервалу полного оборота вала, то есть интервалу в 360 градусов: $M_{ср.ПД}$ уменьшится до величины **0,478**, а $M_{ср.РПД}$ уменьшится до величины **0,308**.

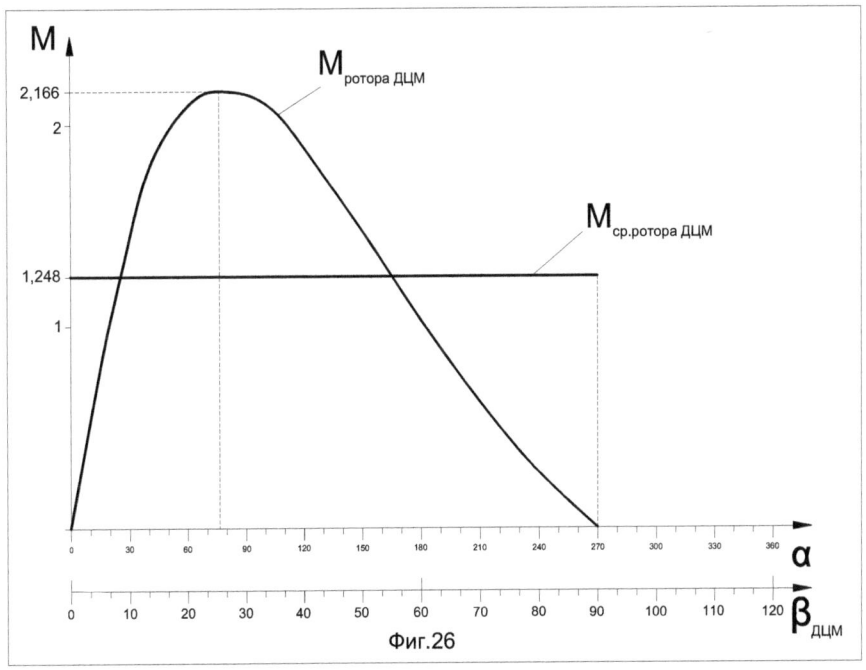

Фиг.26

Для секции ДЦМ в качестве параллельной оси абсцисс для графика момента силы необходимо ввести дополнительную шкалу угла поворота вала $β_{ДЦМ}$, которая по сравнению со шкалой **α** эксцентриситета **е** имеет троекратно больший масштаб (фиг.26).

Для продолжения сравнения необходимо по масштабу привести оборот вала $β_{ДЦМ}$ секции ДЦМ к масштабу оборота валов секций ПД и РПД. То есть следует сделать равным значения оборотов валов всех трёх сравниваемых секций: $β_{ПД} = β_{РПД} = β_{ДЦМ} = β$. В результате график момента силы секции ДЦМ троекратно сожмётся, а сказать точнее, **сконцентрируется** вдоль оси абсцисс **β** (фиг.27).

Так как в секции с цевочной муфтой за один оборот вала происходят 3 такта рабочего хода, то в угле полного оборота вала $\beta = 360^o$ будут располагаться 3 пропорционально сжатых вдоль оси β графика моментов силы этой секции.

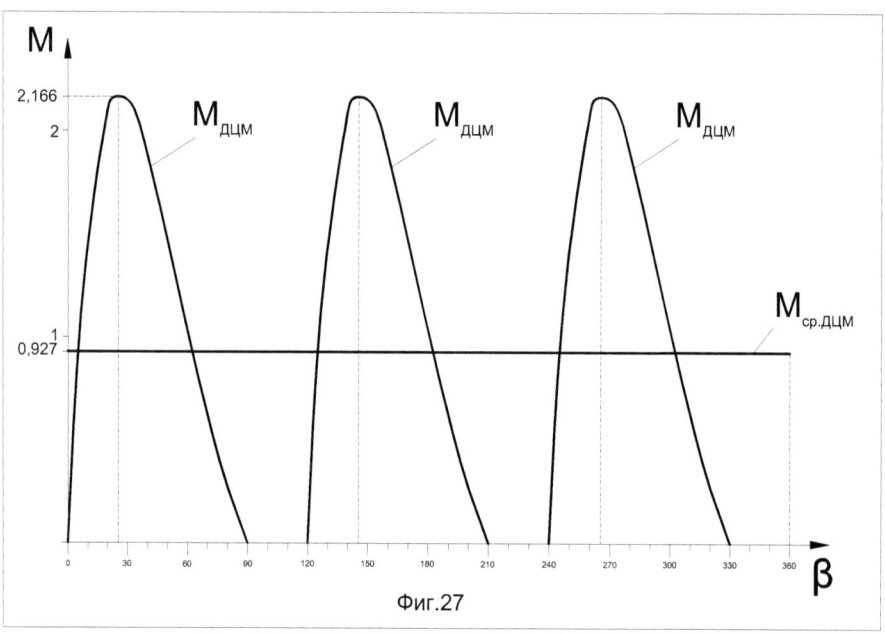

Фиг.27

Каждый из них начинается через 30 градусов поворота вала β после окончания предыдущего такта рабочего хода, и каждый длится 90 градусов поворота вала. При этом сам сконцентрированный в масштабе оси β момент силы является уже не моментом ротора $M_{ротора \, ДЦМ}$, происходящим за один оборот угла α эксцентриситета e, но теперь в секции ДЦМ после транслирования через силовую цевочную муфту от ротора на вал он становится моментом вала – $M_{ДЦМ}$ (фиг.27). За полный оборот $\beta = 360^o$ вала совокупный от трёх тактов рабочего хода средний момент вала для секции ДЦМ составляет $M_{ср.ДЦМ} = 0,927$.

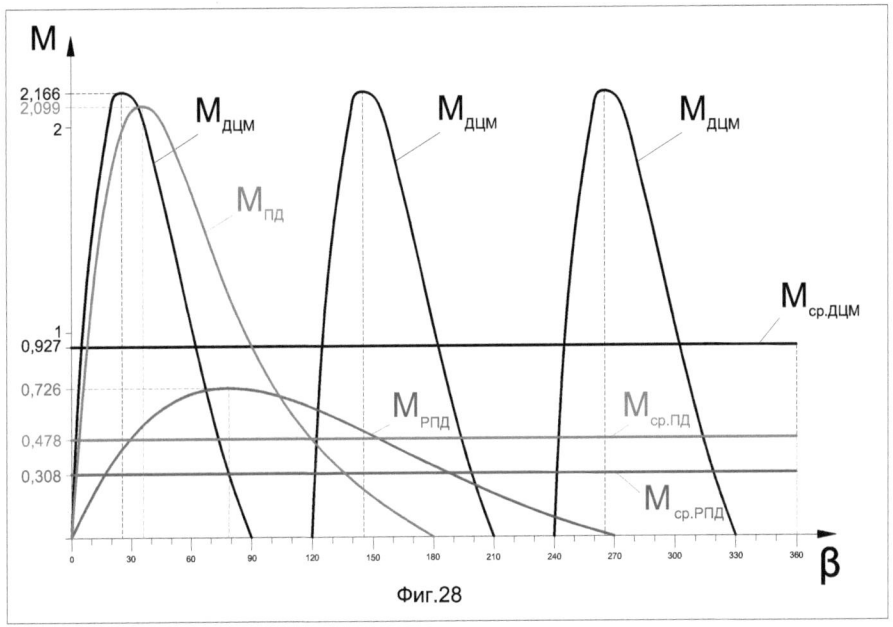

Фиг.28

Для всех трёх сравниваемых секций в одном масштабе графики моментов силы и их средних значений моментов по шкале одинакового масштаба оборота вала β изображены на фиг.28.

11. Многосекционный двигатель внутреннего сгорания

Теперь в один механизм поршневого многосекционного ДВС соберём четыре поршневые секции, жёстко и соосно вдоль коренной оси соединив их силовые валы и соосно и жёстко закрепив соосно на одном крайнем из них маховик и вал нагрузки. Соответственно жёстко взаимно скреплённые статоры секций располагаются на одной прямой линии параллельно коренной оси общего вала, с возможностью вращения установленного в коренных подшипниках статора.

Точно также соберём механизм роторного многосекционного ДВС из двух роторно-поршневых секций Ванкеля и ещё один роторный многосекционный ДВС на двух роторных секциях с силовой цевочной муфтой.

Такая оптимальная компоновка с оптимально-минимальным числом однотипных секций поршневого и роторных ДВС основывается на одновременном выполнении, по меньшей мере, трёх известных необходимых условий.

Во-первых, на условии приемлемой *балансировки* механизма двигателя, когда оппозитные относительно коренной оси вала эксцентрические массы подвижных элементов составляющих его одинаковых секций стремятся взаимно уравновешивать друг друга.

Во-вторых, такая компоновка продиктована требуемой *непрерывностью* выработки силовым валом механизма двигателя момента силы для непрерывного вращения вала механизма нагрузки за счёт непрерывно поочерёдного воспроизводства импульсов своих тактов рабочего хода секциями одного двигателя объёмного вытеснения.

В-третьих, сама по себе минимальность количества секций многосекционного двигателя, кроме дополнительно требуемой минимизации его веса и металлоёмкости, в основном продиктована известным постоянным стремлением поддерживать в многосекционном ДВС на высоком уровне его собственную энергетическую эффективность. Ибо любое повышение числа секций в тепловом двигателе всегда ведёт к кратному повышению количества потерь энергии, неизбежно присутствующих в каждой работающей секции ДВС. Поэтому минимальности потерь энергии в многосекционном двигателе приходится добиваться ещё на стадии его проектирования и, прежде всего, посредством упреждающего уменьшения числа *генераторов неизбежных потерь*, которыми сами же эти секции двигателя также и являются.

График момента силы четырёхцилиндрового поршневого двигателя за один оборот вала показан на фиг.29.

Один такт рабочего хода в четырёхцилиндровом поршневом двигателе по очереди в одной из его четырёх секций происходит за каждую половину от полного оборота β вала. Но в каждом обороте вала текущее значение выработанного поршневым двигателем момента силы проходит через три своих нулевых значения, что говорит о низком качестве исполнения второго из основных необходимых условий для оптимально-минимальной компоновки многосекционного поршневого двигателя. Данная особенность провоцирует повышенное накопление в маховике вала, специально для этого утяжелённом, дополнительной доли выработанной двигателем механической энергии, которая не передаётся на вал нагрузки, тем самым, занижая эффективность работы двигателя. Поэтому часто изготовитель стремится в многосекционном поршневом двигателе увеличивать более четырёх число общего количества секций. Однако при этом, с другой стороны, он тогда вынужден нарушать третье условие оптимально-минимальной компоновки, попадая на нежелательное повышение числа генераторов неизбежных потерь.

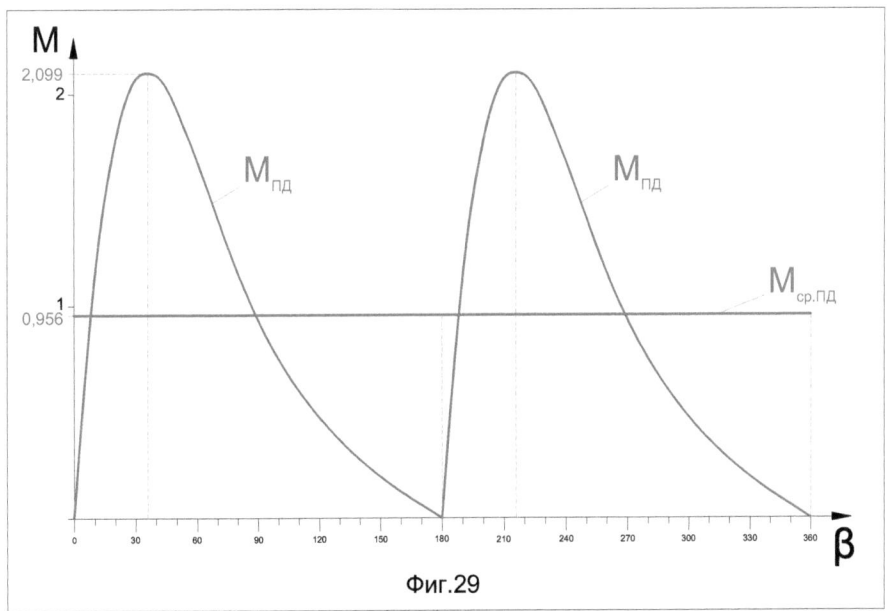

Фиг.29

В двухсекционном роторно-поршневом двигателе Ванкеля один рабочий ход также начинается через каждую половину оборота β вала по очереди в каждой из двух его секций (фиг.30).

Но так как длительность каждого такта рабочего хода в секции РПД в 1,5 раза длиннее, чем в секции ПД, то на вращение общего силового вала двигателя в двух секторах по 90 градусов одного оборота β вала сразу два нагретых заряда рабочего тела, совершающих каждый свой такт рабочего хода, передают общему силовому валу двигателя в совокупности два направленных в одну сторону момента силы. Поэтому в этих секторах произведём графическое сложение значений двух моментов силы от двух зарядов по каждому значению текущего угла поворота β вала (фиг.31).

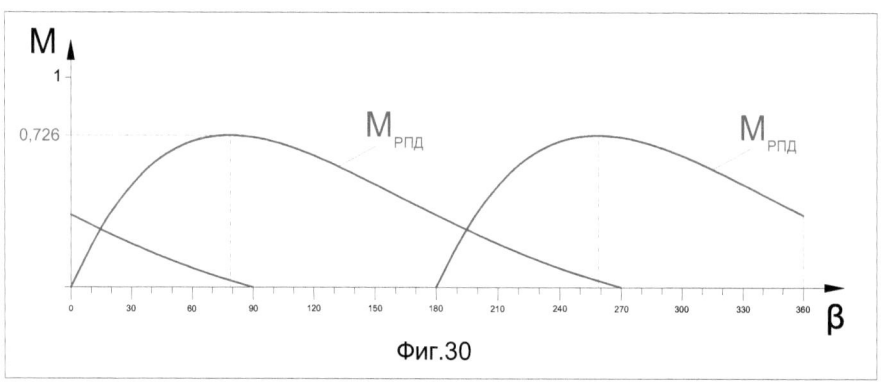

Фиг.30

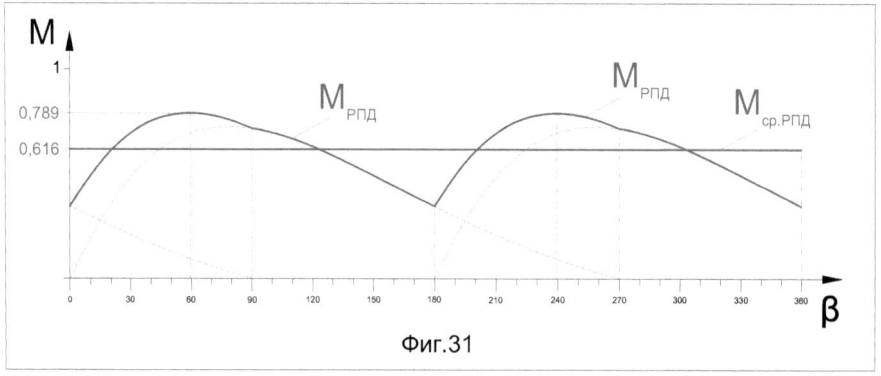

Фиг.31

При этом, по сравнению с четырёхцилиндровым поршневым ДВС, в двухсекционном роторно-поршневом двигателе общее значение момента за каждый оборот *β* вала никогда не становится равным нулю, позволяя облегчить массу маховика. Что говорит о хорошем качестве компоновочного решения двухсекционного РПД Ванкеля, в котором гармонично реализуются все три условия оптимально-минимальной компоновки многосекционного роторного двигателя.

В двухсекционном роторном двигателе с секциями на цевочной муфте за один полный оборот вала *β = 360⁰* с интервалом через каждые 30 градусов происходят сразу 6 полных тактов рабочего хода, по очереди, с чередованием через один, по три такта рабочего хода в каждой из двух его секций (фиг.32).

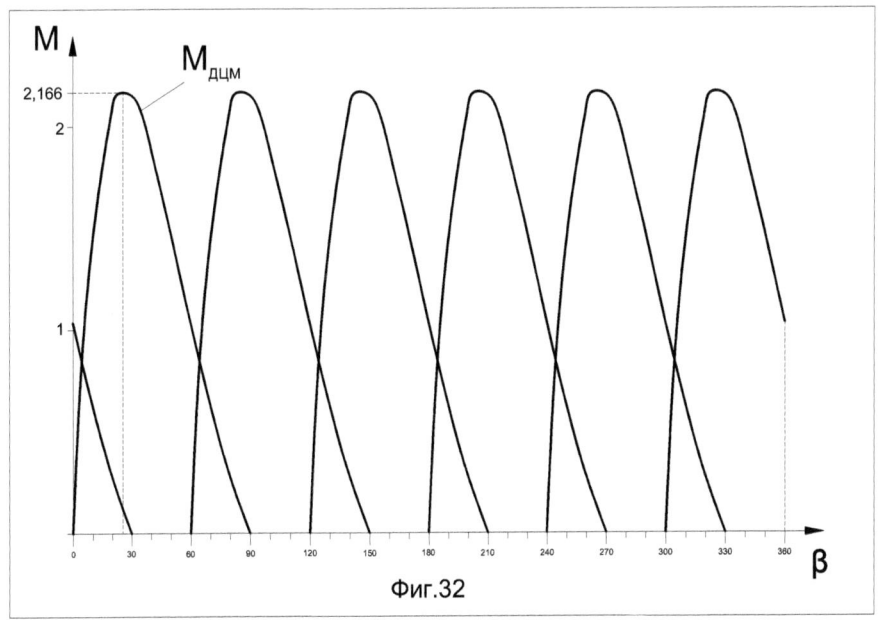

Фиг.32

На фиг.32 в пересекающихся секторах также необходимо произвести графическое сложение значений моментов силы **M** секций, одновременно производящих свои такты рабочего хода (фиг.33).

Как и в двухсекционном роторно-поршневом двигателе, в двухсекционном роторном двигателе с силовой цевочной муфтой общее значение момента за каждый оборот **β** вала тоже никогда не становится равным нулю. Более того, величина са́мого низкого значения момента силы **M** не опускается даже ниже значения **1**. Это говорит об очень высоком качестве его компоновочного решения.

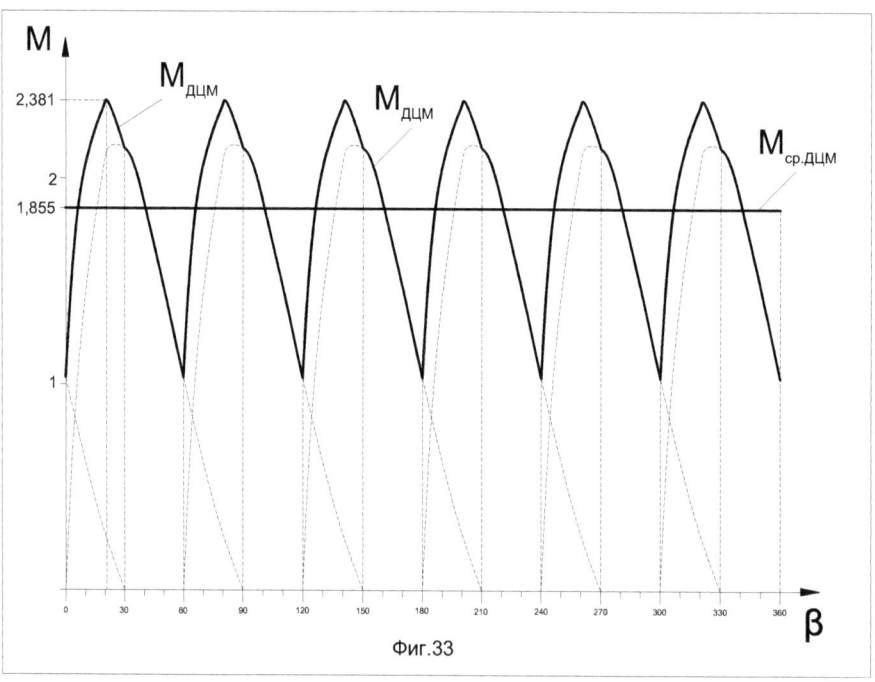

Фиг.33

Моменты силы **M** всех трёх сравниваемых двигателей за один оборот **β** вала на одном графике в одном масштабе показаны на фиг.34.

Среднее за такт рабочего хода значение момента силы двухсекционного роторного ДВС с механизмом с силовой цевочной муфтой по-прежнему в **3** раза больше среднего момента двухсекционного роторно-поршневого двигателя Ванкеля, но он также в *1,94* раза превышает средний за оборот *β* вала момент силы четырёхцилиндрового поршневого двигателя с секциями того же рабочего объёма.

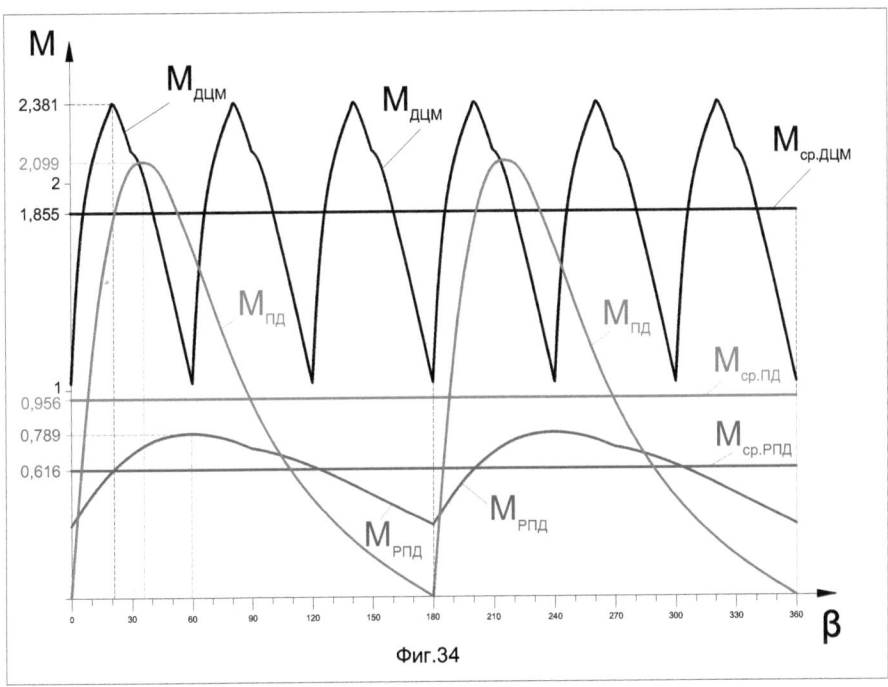

Фиг.34

Значение среднего за такт рабочего хода момента силы в пределах одного полного оборота *β* вала представляет собой мощность *N* импульса момента за такт рабочего хода. Таким образом, можно сказать, что двигатель образцовым общим рабочим объёмом $V_{общий\ ДЦМ} = 2\ x\ 190 = 380\ см^3$ с двумя секциями с цевочной муфтой рабочим объёмом каждой секции $V_{секции\ ДЦМ} = 190\ см^3$ при одинаковом количестве оборотов вала в *3 раза* мощнее двухсекционного роторно-поршневого двигателя с тем же рабочим объёмом каждой из двух его секций. Также почти в *2 раза* он мощнее и четырёхцилиндрового поршневого двигателя общим рабочим объёмом $V_{общий\ ПД} = 4\ x\ 190 = 760\ см^3$, каждая секция которого имеет тот же образцовый рабочий объём $V_{секции\ ПД} = 190\ см^3$.

Это же соотношение мощностей практически сохраняется при пропорциональном пространственном масштабировании объёмов рабочих полостей секций данных двигателей.

12. Способы сравнения многосекционных ДВС объёмного вытеснения с различными конструкциями механизмов их секций

Кроме показанного выше сравнения многосекционных двигателей по одинаковому объёму рабочей полости каждой секции ДВС, на практике могут применяться, по меньшей мере, ещё три варианта подобного сравнения: по одинаковому общему рабочему объёму двигателя, по одинаковому суммарному объёму (массе) зарядов рабочего тела в одном полном обороте вала двигателя и по одинаковой общей мощности двигателя.

При этом следует отметить, что из перечисленных методов наибольшее практическое значение имеет метод сравнения *по одинаковой общей мощности двигателей*. Он позволяет определить параметры взаимозаменяемых, то есть эквивалентных по своим объективным свойствам многосекционных двигателей объёмного вытеснения, имеющих принципиально разные конструкции механизмов своих секций.

13. Сравнение по одинаковой общей мощности многосекционного поршневого двигателя и роторно-поршневого двигателя Ванкеля

В связи с тем, что на графике момента силы за один оборот вала β многосекционного двигателя площадь графика под значением среднего момента M_{cp} является мощностью N момента, то в качестве наглядного критерия, доказывающего собой равенство значений мощности, вырабатываемой двигателями, определим равенство значений среднего момента силы M_{cp} сравниваемых многосекционных двигателей в тактах рабочего хода за один оборот вала β. Для того, чтобы значения средних моментов в обороте вала для поршневого и роторно-поршневого двигателей были равны между собой, то на фиг.34 необходимо либо уменьшить рабочий объём каждой из четырёх поршневых секций, либо увеличить объём рабочей полости каждой из двух секций РПД Ванкеля.

Математически проще поддаётся расчёту значение объема поршневой секции, поэтому будем уменьшать именно её рабочий объём.

Решением задачи является цифра, показывающая во сколько раз предстоит уменьшить объём каждой поршневой секции от *образцового* значения её объёма $V = 190$ *см*^{3}, чтобы на графике фиг.34 прямые линии средних моментов силы за оборот вала $M_{cp.ПД}$ и $M_{cp.РПД}$ практически слились в одну линию.

Для решения этой задачи автором был выбран *метод последовательного приближения*. То есть в убывающем порядке от значения базового объёма поршневой секции последовательно было выбрано несколько отношений значений объёмов секции ПД со значением базового объёма секции РПД, прежде чем в каком-то одном из них произошло практически полное совпадение этих линий. В частности это было отмечено на отношении значений объёмов секции РПД и ПД, которое составило $V_{секции\ РПД} : V_{секции\ ПД} = 1 : 0,72$. Если опираться на принятый здесь образцовый объём роторно-поршневой секции $V_{секции\ РПД} = 190$ *см*^{3}, то уменьшенный объём поршневой секции в этом случае составляет $V_{секции\ ПД} = 190\ x\ 0,72 = 136,8\ см^3$. Ниже показано, какова была логика рассуждений.

Итак, в качестве образцового варианта для сравнения выберем двухсекционный роторно-поршневой двигатель с образцовым общим рабочим объёмом $V_{общий\ РПД}$ = 2 x 190 = 380 см^3. Этому двигателю на фиг.34 соответствует кривая линия графика момента силы $M_{РПД}$.

На очередном этапе метода последовательного приближения уменьшенный объём одной секции четырёхцилиндрового поршневого двигателя составил $V_{секции\ ПД}$ = 136,8 см^3. То есть его общий рабочий объём стал больше общего объёма РПД $V_{общий\ РПД}$ в 1,44 раза, а именно $V_{общий\ ПД}$ = 4 x 136,8 = 547,2 см^3.

Каждая секция ПД получилась меньшей по своему максимальному объёму, чем каждая секция РПД в 136,8 : 190 = 0,72 раза. То есть рабочий объём каждой секции $V_{секции\ ПД}$ = 136,8 см^3 составляет 0,72 часть от объёма образцовой секции ПД в 190 см^3, для которой построен график момента силы $M_{ПД}$ на фиг.34. Тогда такую же долю 0,72 будет составлять и масса уменьшенного объёма заряда горючей смеси в каждой новой уменьшенной секции ПД от образцовой массы заряда, находившегося над поршнем секции при её образцовом рабочем объёме 190 см^3. В связи с понижением массы заряда рабочего тела пропорционально уменьшается до 0,72 доли от образцового значения усилия $P_{ПД}$ и его новое значение, генерируемое уменьшенной массой нагретого заряда рабочего тела, как в начале такта рабочего хода, от равного $P_{макс.}$ = 1, так и от всех последующих текущих значениях уменьшенного усилия $P_{ПД}$ в этом такте по обороту вала $β$.

При этом вращающий рычаг вала $L_{ПД}$ секции ПД, значение которого геометрически привязано к значению эксцентриситета $e_{ПД}$ и сверху ограничено длиной этого эксцентриситета секции ПД, по формуле $V_{макс\ ПД}$ = 2,2222πe^3 уменьшается до $e_{ПД}$ = 2,696 см, то есть он составляет 2,696 см : 3,0 см = 0,8987 часть от длины эксцентриситета 3,0 см образцовой секции ПД, объёмом 190 см^3.

В результате каждое текущее значение момента силы $M_{ПД}$ в каждой поршневой секции, соответственно, по длине рычага момента $L_{ПД}$ и силе $P_{ПД}$ уменьшается в 0,8987 x 0,72 = 0,647 раза (фиг.35). Для каждого конкретного угла поворота вала $β$ откладывается вертикальная линия, по своему значению меньшая в 0,647 раза, чем длина вертикальной линии для этого же значения угла на образцовой кривой момента силы $M_{ПД}$ на фиг.34. По верхним концам этих вертикальных линий строится кривая линия характеристики момента силы $M_{ПД}$ новой уменьшенной по объёму секции ПД (фиг.35).

Площадь под получившейся на фиг.35 двугорбой кривой линией $M_{ПД}$ делится на интервал угла оборота вала $\beta = 360^o$. В результате этого деления получается новое значение координаты на оси ординат для $M_{ср.ПД}$.

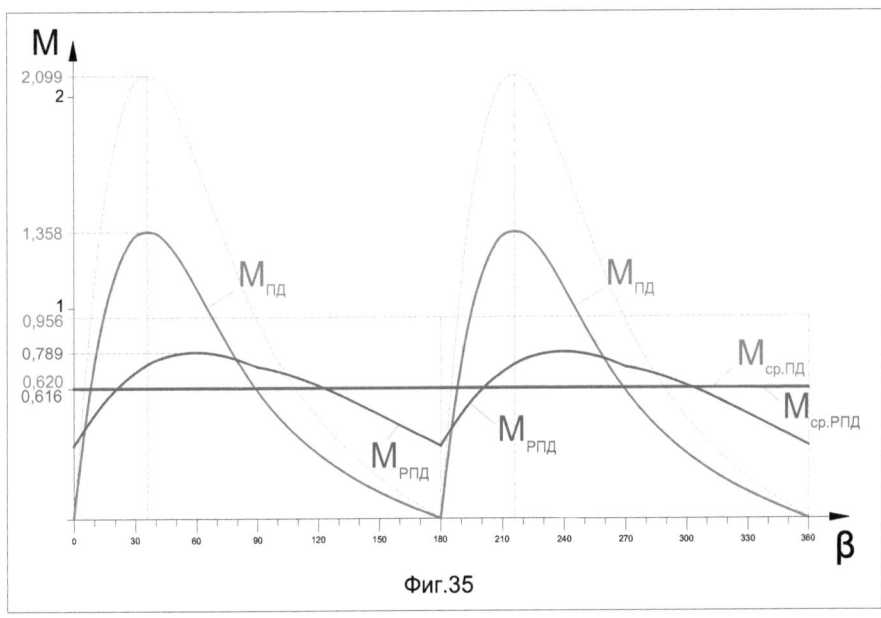

Фиг.35

Из получившейся координаты момента $M_{ср.ПД} = 0,620$ для четырёхцилиндрового поршневого двигателя с уменьшенным объёмом секции $V_{секции \ ПД} = 136,8 \ см^3$ проводится горизонтальная прямая линия, параллельная оси абсцисс – β, практически совпадающая с прямой линией момента $M_{ср.РПД} = 0,616$ для двухсекционного роторно-поршневого двигателя Ванкеля с образцовым объёмом секции $V_{секции \ РПД} = 190 \ см^3$ (фиг.34, 35).

14. Сравнение по одинаковой общей мощности многосекционного поршневого двигателя и роторного двигателя на силовой цевочной муфте

Проведём сравнение двигателей ПД и ДЦМ по алгоритму, аналогично предыдущему сравнению. С той лишь разницей, что, по сравнению с образцовым объёмом *190 см^3* секции двигателя с силовой цевочной муфтой, объём каждой поршневой секции двигателя теперь не уменьшается, а увеличивается (фиг.34).

В качестве образцового варианта для сравнения также выберем роторный двухсекционный двигатель с механизмом с цевочной муфтой и общим образцовым рабочим объёмом *V$_{общий\ ДЦМ}$ = 2 x 190 = 380 см^3*. Этому двигателю на графике фиг.34 соответствует кривая линия графика момента силы *М$_{ДЦМ}$*.

На очередном этапе применённого метода последовательного приближения объём одной секции четырёхцилиндрового поршневого двигателя составил *V$_{секции\ ПД}$ = 311,6 см^3*, то есть его общий рабочий объём получился больше общего образцового объёма ДЦМ *V$_{общий\ ДЦМ}$ = 380 см^3* в *3,28 раза* и составил *V$_{общий\ ПД}$ = 4 x 311,6 = 1246,4 см^3*.

Каждая увеличенная секция ПД получилась больше по максимальному объёму каждой секции ДЦМ в *311,6 : 190 = 1,64 раза*. То есть рабочий объём каждой новой поршневой секции *V$_{секции\ ПД}$ = 311,6 см^3* в *1,64 раза* стал больше объёма образцовой секции ДЦМ в *190 см^3*, для которой построен график момента силы *М$_{ПД}$* на фиг.34. Тогда и масса заряда рабочего тела в каждой увеличенной секции ПД стала в *1,64 раза* больше массы заряда в каждой секции от образцовой массы заряда при объёме *190 см^3*. В связи с повышением массы заряда рабочего тела пропорционально в *1,64* раза от образцового значения *Р$_{ПД}$* увеличилось и новое значение повысившегося усилия *Р$_{ПД}$*, генерируемое увеличенной массой нагретого заряда рабочего тела, как в начале такта рабочего хода от $P_{макс.} = 1$, так и от всех последующих текущих значениях усилия $P_{ПД}$ в этом такте по обороту вала β.

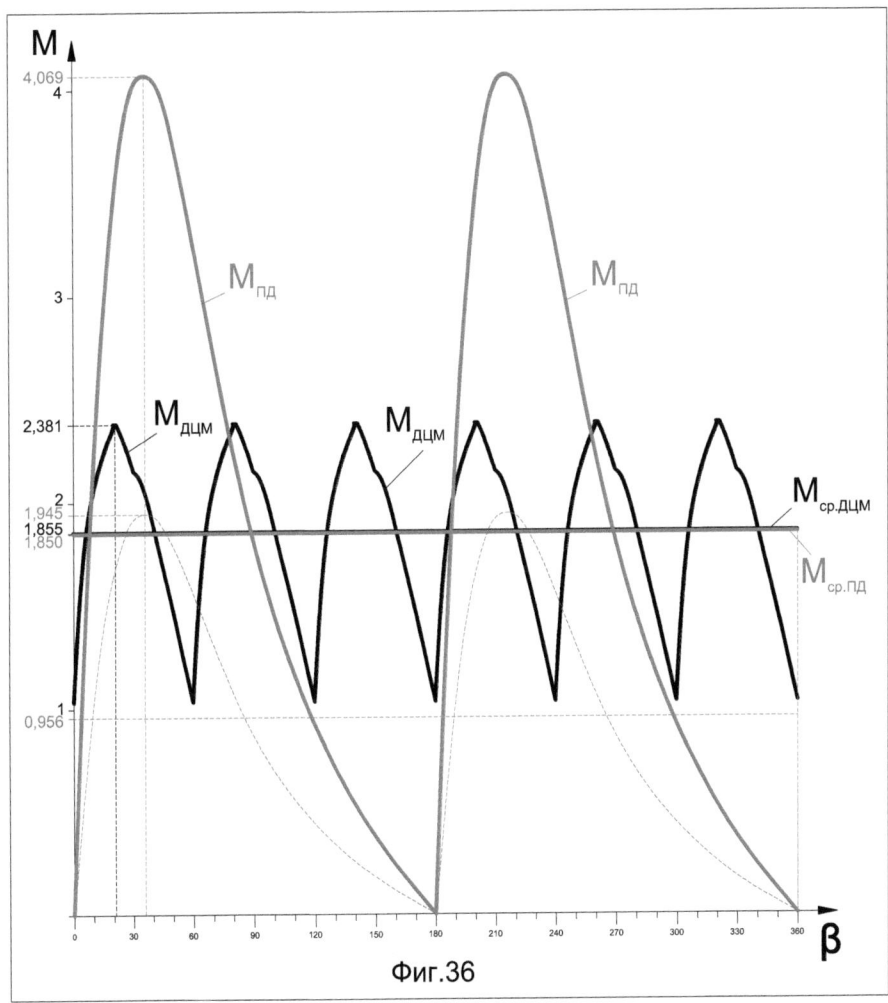

Фиг.36

При этом вращающий рычаг вала $L_{ПД}$ секции ПД, значение которого геометрически привязано к значению эксцентриситета $e_{ПД}$ и сверху ограничено длиной этого эксцентриситета секции ПД, по формуле $V_{макс\ ПД} = 2,2222\pi e^{3}$ повышается до $e_{ПД} = 3,547\ см$, то есть он составляет $3,547\ см : 3,0\ см = 1,1823$

часть от длины эксцентриситета 3,0 см образцовой секции ПД объёмом *190 см³*.

В результате каждое текущее значение момента силы $M_{ПД}$ в каждой поршневой секции по длине рычага момента $L_{ПД}$ и силе $P_{ПД}$ увеличивается в *1,1823 х 1,64 = 1,939 раза* (фиг.36). Для каждого конкретного угла поворота вала *β* откладывается вертикальная линия, длиной бо́льшая в *1,939 раза*, чем длина вертикальной линии для этого же значения угла на кривой линии образцового момента $M_{ПД}$ на фиг.34. По верхним концам этих вертикальных линий строится кривая линия характеристики момента силы $M_{ПД}$ новой увеличенной по объёму секции ПД (фиг.36).

Площадь под получившейся на фиг.36 двугорбой кривой линией момента $M_{ПД}$ делится на интервал угла оборота вала *β = 360°*. В результате этого деления получается новое повышенное значение координаты на оси ординат для момента силы $M_{ср.ПД}$.

Из получившейся координаты момента $M_{ср.ПД}$ = *1,850* для четырёхцилиндрового поршневого двигателя с увеличенным объёмом секции $V_{секции\ ПД}$ = *311,6 см³* проводится горизонтальная прямая линия, параллельная оси абсцисс – *β*, практически совпадающая с прямой линией момента $M_{ср.ДЦМ}$ = *1,855* для двухсекционного двигателя с цевочной муфтой с образцовым объёмом секции $V_{секции\ ДЦМ}$ = *190 см³* (фиг.34, 36).

15. Сравнение габаритных размеров многосекционных поршневого и роторных ДВС одинаковой общей мощности

Для наглядного сравнения габаритных размеров выберем известный четырёхцилиндровый четырёхтактный поршневой ДВС с наиболее часто используемым значением общего объёма его рабочей полости, например, $V_{общий\ ПД}$ = *4 х 400 = 1600 см³*.

В каждой секции этого двигателя длина линии эксцентриситета эксцентрика вала и радиуса окружности цилиндра статора (поршня) составляет $e_{ПД\,400} = 3,86$ см.

В эквивалентном ему двухсекционном роторно-поршневом двигателе Ванкеля каждая секция будет иметь рабочий объём $V_{секции\,РПД} = 400 : 0,72 = 555$ см^3.

Длина линии эксцентриситета эксцентрика её вала $e_{РПД\,555} = 1,4$ см.

Радиальный коэффициент $x_{РПД\,555} = 1$.

Осевой коэффициент $y_{РПД\,555} = 2$.

Высота призмы ротора $h_{РПД\,555} = 1,4\,(3 + 2) = 7,0$ см.

Общий рабочий объём $V_{общий\,РПД} = 2\,x\,555 = 1110$ см^3.

Отношение общих объёмов $V_{общий\,ПД} : V_{общий\,РПД} = 1600 : 1110 = 1,44$.

Обратное отношение общих объёмов $V_{общий\,РПД} : V_{общий\,ПД} = 1110 : 1600 = 0,694$.

Эквивалентный данному поршневому двигателю двухсекционный роторный двигатель с механизмом силовой цевочной муфты имеет каждую секцию с рабочим объёмом $V_{секции\,ДЦМ} = 400 : 1,64 = 244$ см^3.

Длина линии его эксцентриситета $e_{ДЦМ\,244} = 1,1$ см.

Радиальный коэффициент $x_{ДЦМ\,244} = 1$.

Осевой коэффициент $y_{ДЦМ\,244} = 1,57$.

Высота призмы ротора $h_{ДЦМ\,244} = 1,1\,(3 + 1,57) = 5,03$ см.

Общий рабочий объём $V_{общий\,ДЦМ} = 2\,x\,244 = 488$ см^3.

Отношение общих объёмов $V_{общий\,ПД} : V_{общий\,РПД} = 1600 : 488 = 3,28$

Обратное отношение общих объёмов $V_{общий\,ДЦМ} : V_{общий\,ПД} = 488 : 1600 = 0,305$.

В одном масштабе установленные рядом макеты двигателей одинаковой общей мощности с указанными секциями ПД, РПД и ДЦМ (справа) показаны на фиг.37.

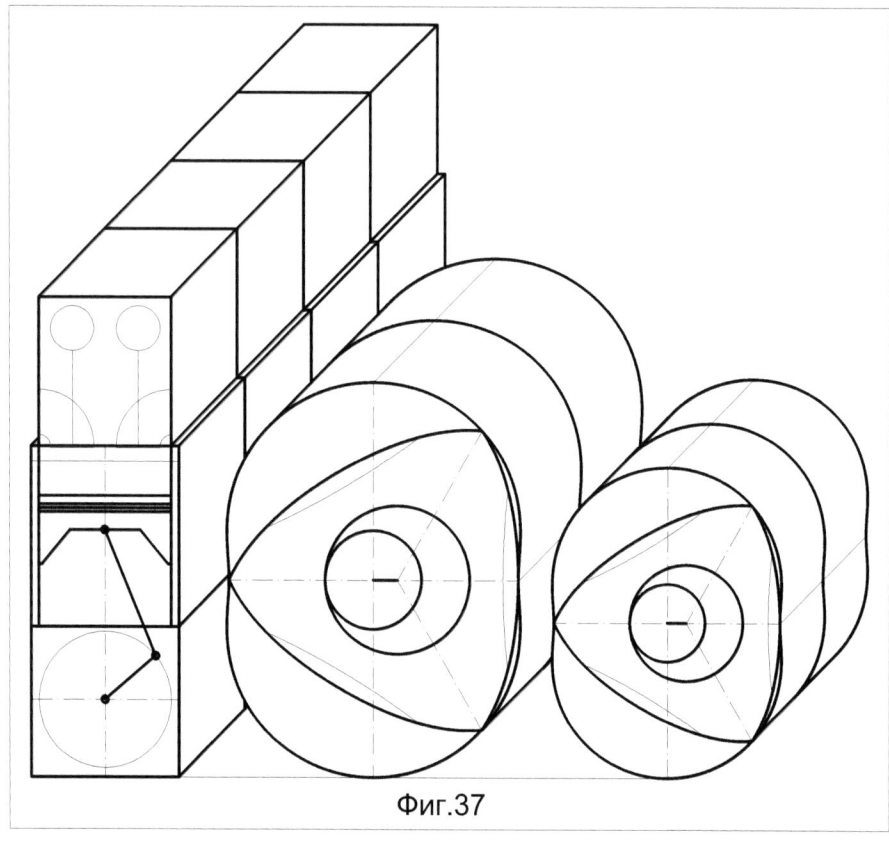

Фиг.37

С определённой долей уверенности можно сказать, что из трёх сравниваемых ДВС, обладающих одинаковой общей мощностью, самым компактным, лёгким, простым по конструкции и технологичным в изготовлении, является новый роторный двигатель на механизме с силовой цевочной муфтой. При этом наряду с большей эффективностью работы, в своей конструкции он не только поддерживает высокий уровень надёжности работы, достигнутый на настоящее время в механизмах коммерческих ДВС объёмного вытеснения. Но по сравнению с ними новый роторный двигатель, вдобавок, способен передавать со своего вала на вал нагрузки момент силы, не нуждающийся в дополнительной редукции. В связи с чем, ближе к нулю существенно сдвигается начало диапазона рабочих оборотов силового вала, в пределах значений которого вал двигателя способен эффективно вращать вал нагрузки.

По сравнению с секциями поршневого и роторно-поршневого двигателей одинаковой общей мощности, в механизме каждой секции двигателя с цевочной муфтой в среднем почти двукратно снижены значения пиковых нагрузок со стороны нагретого заряда и троекратно повышено число силовых подшипников, что предоставляет возможность применять подшипники качения в силовой цепи её механизма при сохранении высокой степени надёжности его работы.

Для полноты картины сравнения было бы желательно иметь также и значения двух, пожалуй, самых показательных *удельных параметров* – это значения мощности на единицу веса или объёма конструкции ДВС и значения расхода топлива на единицу мощности, вырабатываемой двигателем с силовой цевочной муфтой. И если по фиг.37 демонстрируется явное преимущество ДЦМ по первому из этих двух удельных показателей, то определение цифровых значений второго удельного показателя для двигателя с цевочной муфтой производится за рамками приведённого здесь теоретического рассмотрения, то есть уже только на основании лабораторных испытаний реально работающего двигателя.

16. Таблица сравнения основных объективных параметров трёх сравниваемых ДВС объёмного вытеснения

Полученные здесь выше объективные параметры по трём ДВС сведены в сравнительную таблицу.

Условные обозначения, использованные в данной таблице:

ПДВС – поршневой ДВС;

РПД – роторно-поршневой двигатель Ванкеля;

РДЦМ – роторный двигатель на механизме с силовой цевочной муфтой;

α – угол поворота эксцентриситета e в такте рабочего хода;

$P_{ср.}$ – среднее за такт рабочего хода значение усилия нагретого заряда рабочего тела;

$A_{ср.}$ – среднее за такт рабочего хода значение механической работы нагретого заряда;

$L_{ср.}$ – среднее за такт рабочего хода значение длины рычага момента силы;

$M_{ср.}$ – среднее за такт рабочего хода значение момента силы;

n – число тактов рабочего хода;

m – число секций в составе многосекционного ДВС;

$V_{секции}$ – рабочий объём одной секции многосекционного ДВС;

$V_{общий}$ – общий рабочий объём многосекционного ДВС.

	параметр	ПДВС	РПД	РДЦМ
За 1 такт рабочего хода в секциях равного объёма	α	180°	270°	270°
	$P_{ср.}$	1	1,18	1,18
	$A_{ср.}$	1	1,77	1,77
	$L_{ср.}$	1	0,36	1,09
	$M_{ср.}$	1	0,43	1,3
За 1 полный оборот β вала секции	n	условно 0,5	1	3
	α	условно 90°	270°	810°
За 2 полных оборота β вала секции	n	1	2	6
	α	180°	540°	1620°
Многосекционный ДВС конкретной мощности	m	4	2	2
	$V_{секции}$	1	1,388	0,61
	$V_{общий}$	1	0,694	0,305

На основании значений указанных в таблице параметров можно сделать вывод, что, в основном, за счёт своего короткого вращающего рычага вала $L_{ср.}$

момента силы, самым неконкурентным из трёх сравниваемых типов четырёхтактных ДВС объёмного вытеснения является роторно-поршневой двигатель Ванкеля.

В то же время значениями своих объективных параметров роторный двигатель с силовой цевочной муфтой не оставляет никаких шансов на успешную конкурентную борьбу против него не только роторно-поршневому двигателю, но и традиционному поршневому ДВС.

Заключение

1. Конспект на тему: эффективность механической работы двигателя

1. Тепловой двигатель, как преобразователь теплоты в работу, предназначен для передачи механической энергии со своего вала на вал стороннего потребителя – вал его механической нагрузки. Чем большее количество механической энергии, то есть механической работы, в единицу времени передаётся им на вал нагрузки от фиксированного количества теплоты, подведённой в каждой его секции к заряду газообразного рабочего тела, тем эффективнее считается работа этого двигателя.

2. В каждой секции двигателя объёмного вытеснения механическая работа по вращению её собственного силового вала совершается на протяжении длительности импульса расширения нагретого заряда рабочего тела в такте рабочего хода, происходящего при повороте силового вала после ВМТ на угол, который по величине является лишь частью от одного полного оборота этого вала, равного 360 градусам.

3. Чем длиннее в каждой секции двигателя будет длительность импульса работы секции в такте рабочего хода по углу поворота вала после ВМТ в отношении полного оборота вала, тем большее количество механической работы за оборот вала будет передано валу нагрузки.

4. Чем большее число тактов рабочего хода совершит секция двигателя за один оборот своего вала, тем большее количество работы за каждый свой оборот он сообщит валу нагрузки.

5. Чем большее число оборотов своего вала будет воспроизводить каждая секция двигателя в единицу времени, тем больше работы она сообщит за это время валу нагрузки.

6. Чем большее число секций будет в составе двигателя, тем большее количество работы он также может передать на вал нагрузки.

7. $A = a \cdot b \cdot c \cdot d = (a_1 \cdot a_2 \cdot a_3) \cdot b \cdot c \cdot d$. Где A – это общее количество механической работы, произведённой всеми секциями двигателя за одну минуту, в том числе и на покрытие механических потерь внутри самого́ двигателя; a – количество работы заряда нагретого рабочего тела, затраченной на перемещение поршня или ротора в каждой секции за один такт рабочего хода; b – число тактов рабочего хода в каждой секции за один оборот вала; c – число секций в составе двигателя; d – число оборотов вала двигателя в минуту.

8. В одном такте рабочего хода секции количество работы $a = a_1 \cdot a_2 \cdot a_3$ определяется, прежде всего, максимально возможной начальной величиной импульса усилия рабочего тела от сжигания фиксированной конкретной массы топлива, содержащегося в общей фиксированной массе одного газового заряда рабочего тела (14,75 частей воздуха на 1 часть топлива), участвующей в одном такте рабочего хода – a_1. Также количество работы a в секции зависит от значения a_2 – степени работоспособности нагретого локального заряда газа рабочего тела, то есть текущей величины его внутреннего силового рабочего потенциала в процессе совершения этим зарядом такта рабочего хода. Параметр a_2 показывает во сколько раз уменьшается количество начального усилия a_1 заряда по мере выполнения им в секции такта рабочего хода. Начиная от значения усилия a_1, величина этого силового потенциала, определяемая текущим количеством потенциальной энергии заряда, непосредственно

зависит от текущей степени собственной разреженности данного объёма нагретого газа. Это текущее разрежение ему при вращении вала секции принудительно создаёт движущееся от ВМТ дно поршня (грань ротора). Поршень или ротор в своём пространственном перемещении в полости расширения повинуется программе, заданной механизмом секции. Чем с меньшей скоростью происходит увеличение объёма её полости расширения в такте рабочего хода секции после ВМТ по углу оборота вала, тем выше в ней будет значение текущего силового потенциала заряда. Третьим параметром в количестве работы a является величина угла (после ВМТ) длительности активного импульса такта рабочего хода – a_3 в рамках 360 градусов полного оборота вала. Если величина параметра a_1 в большей своей части определяется величиной массы заряда горючей смеси в одном его цикле, то величины параметров a_2 и a_3 определяются только свойствами конкретной конструкции механизма секции двигателя.

9. Число тактов рабочего хода b в каждой секции за один оборот её вала также определяется только особенностями конструкции механизма секции двигателя.

10. Число секций c в составе двигателя не может быть очень большим из-за естественного наличия при работе любой секции неизбежных потерь исходной энергии такта рабочего хода. Количество этих неизбежных естественных потерь обязательно изначально должно быть минимизировано ещё на уровне числа генераторов этих потерь – числа самих секций двигателя. В силу желаемой непрерывности вращения вала двигателя и вала нагрузки, оптимальное число c однотипных по конструкции секций в составе двигателя также определяется длительностью активного импульса такта рабочего хода в секции за один оборот вала – a_3, числом тактов рабочего хода b, происходящих в каждой секции за один оборот вала, а также особенностями приемлемой балансировки подвижной части механизма двигателя, которая тоже

зависит только от особенностей конструкции собственного механизма секции.

11. В результате, в зависимости от количества сжигаемого в каждой секции топлива, присутствующего в составе массы локального заряда рабочего тела, силовой вал двигателя объёмного вытеснения, состоящего из оптимального числа *c* своих секций, имеющих собственную вполне конкретную конструкцию, совершает за одну минуту вполне конкретное число своих оборотов *d*. Таким образом, количество работы *A*, производимой в единицу времени тепловым двигателем объёмного вытеснения для вращения вала нагрузки, является следствием двух причин: количества топлива, сжигаемого в одном такте рабочего хода в каждой секции, и особенностей конструкции механизма каждой секции. При этом непосредственно в конструкции механизма каждой секции двигателя определяющими являются значения трёх параметров: степени работоспособности нагретого локального заряда газа рабочего тела в такте рабочего хода секции – a_2, длительности в ней каждого активного импульса такта рабочего хода – a_3 и числа этих тактов рабочего хода в одном обороте её вала – *b*. Поэтому, независимо от выбранного оператором режима работы и, соответственно, режима расходования топлива, степень эффективности работы любого ДВС объёмного вытеснения напрямую зависит только от свойств и особенностей конкретной *конструкции механизма* его секции *и больше ни от чего-либо другого*.

Автор   С.В. Устинович